地面激光与探地雷达在活断层探测中的应用

张 迪 著

黄河水利出版社
·郑州·

图书在版编目(CIP)数据

地面激光与探地雷达在活断层探测中的应用／张迪著.—郑州:黄河水利出版社,2019.8
ISBN 978-7-5509-2499-4

Ⅰ.①地… Ⅱ.①张… Ⅲ.①活动断层-探地雷达-雷达探测②活动断层-激光探测 Ⅳ.①P542.3

中国版本图书馆CIP数据核字(2019)第201360号

出 版 社:黄河水利出版社

地址:河南省郑州市顺河路黄委会综合楼14层　　邮政编码:450003

发行单位:黄河水利出版社

发行部电话:0371-66026940、66020550、66028024、66022620(传真)

E-mail:hhslcbs@126.com

承印单位:河南承创印务有限公司

开本:787 mm×1 092 mm　1/16

印张:8.75

字数:200千字　　印数:1—1 000

版次:2019年8月第1版　　印次:2019年8月第1次印刷

定价:40.00元

前　言

第四纪地貌体的高精度、高分辨率测量是活断层研究的基础，地震对地表形态的改造尺度通常是米级甚至是厘米级，而活断层作用所形成的微地表形态与浅层结构是刻画断层最新活动的重要证据，可以揭示震区地质构造形态学特征，反映断层形成时的构造应力状态。由于地壳内部的持续运动和沉积、风化等自然动力及人类生产与生活活动的影响，断层微地貌形态及地下浅层结构往往比较复杂，传统地质调查方法较难快速、高效、无损地获取活断层大范围内的微地貌形态和浅层结构。因此，活断层微地貌及浅层结构的精细探测是获取断层浅表活动可靠证据的重要手段，这显然对活断层的综合探测与研究具有重要意义。

本书是在参考国内外同行最新研究成果的基础上，对近五年来课题组系统性地开展综合地面激光雷达和地质雷达的活断层微地貌形态与浅层结构的精细化探测理论与方法的研究进行总结，初步建立了综合地面激光雷达与探地雷达探测活断层的理论和方法，并以理塘活动断裂和玉树活动断裂的研究实例，验证了这两种技术在活断层研究中的适用性和有效性，极大地提高了对活断层微地貌与浅层结构进行快速调查与研究的精度和认识水平，为更全面地识别和认识空间分布与变形特征、活动习性和多期古地震遗迹等提供重要的数据和方法支持，同时也显著提升和扩展新型测绘技术和地球物理技术在活断层定量化和精细化研究中的实用性及应用前景。

本书的研究工作得到了中国地质调查局项目（12120114002101、DD20160268）、河南省重点研发与推广专项（科技攻关）项目（182102310001、192102310001）、河南省高等学校重点科研项目计划（19A420007）、河南工程学院博士基金（D2016004）资助。由于时间仓促，作者水平有限，本书难免存在疏漏或不妥之处，恳请读者指正。

作　者

2019 年 3 月

目　录

第1章 绪 论

1.1 概 述

活动断裂，又称活断层，是第四纪（距今200万年）尤其是晚更新世（距今10万～12万年）以来活动过的、现在正在活动并且未来仍将可能活动，从而对人类社会造成显著影响的各类断层，它不仅反映现代地球的动力作用，而且与地震活动密切相关[1-6]。活断层经过的区域一般都处于现代地壳的差异活动带上，其地壳运动不稳定，很容易发育为各种地质灾害，如地震、滑坡、泥石流等，将直接危及人身安全并破坏地表与地下工程建筑[7]。断层的发生过程代表着地震从孕震到发震的过程，国内外已有记录的地震资料显示，7级以上的强震基本上都发生在大型活动断裂带上[8-10]。2001年，发生在昆仑山口西的8.1级地震，是近50年来中国大陆发生的震级最大、地表破裂最长的地震事件，对青藏公路、正在建设中的青藏铁路、通信电缆及输油管线等造成不同程度上的破坏，而这次强烈的地震主要发生在青藏高原上规模宏大的以左旋走滑为主的东昆仑活动断裂带上。2008年5月21日，发生在龙门山主中央断裂带上的8.0级大地震，是新中国成立后破坏力最大的地震，造成了巨大的经济损失和人员伤亡。2010年，发生在玉树主干左旋走滑断裂带上的7.1级特大浅表地震，产生了20多km的地表破裂，并伴有山体滑坡、泥石流等次生灾害。2013年，位于青藏高原东缘的龙门山断裂带上的芦山再次发生了震级为7.0级的地震。因此，深入开展活断层微地貌形态与浅层结构的精细化研究甚为重要，不仅可以提高断层和古地震序列的识别度，明确断层浅表空间分布特征及行为模式，重构断层破裂历史，揭示断层的活动习性、时空演变过程和古地震复发规律，还可为未来大地震危险性评价及重大工程选址等提供科学的地质依据[11-14]。

20世纪初至今，特别是近20年来，活断层研究得到了飞速的发展，经历了从宏观到微观，从定性描述到定量化的研究阶段，不论是断层活动习性、构造形变过程等基础理论的研究，还是探索强震复发规律和开展地震危险性评价等，关键是获取活断层高精度的微地貌形态，特别是断层错断位移量和被错断地貌的年龄[15]。其中，地貌年龄测定方法由于近年来地球化学的飞速发展已取得了突破性进展，而测量技术的进一步发展，也为活断层精细与定量研究提供了新的研究思路和方法[16-20]。一般来说，地表断错位错是多次地震后的累计结果，只能反映区域内总体的地震活动情况，无法对区域地震的重复间隔做出评价。因此，断层活动性的研究中，在对地表微地貌形态研究的同时必须获取断层地下浅层结构，这是目前地震地质研究和地质调查必不可少的内容。地震对地貌形态的改造尺度通常是米级甚至是厘米级，而断层活动的最新证据往往是通过这些微地貌形态刻画出来的[17,21,22]。由于地壳内部的持续运动和沉积、风化等自然动力及人类生产与生活活动的影响，断层微地貌形态及地下结构往往比较复杂，传统地质调查方法较难快速、高效、无损地获取活断层大范围内的微地貌形态和浅层结构。地面激光雷达(terrestrial laser scanner,TLS)和探地雷达(ground penetrating radar, GPR)技术的出现,为活断层微地貌形态与浅层结构的精细化探测提供了新的技术方法和研究思路,使综合地表和浅层遥感数据系统性地开展活断层研究成为可能。

1.2 国内外研究现状及发展动态

1.2.1 活断层微地貌形态研究进展

典型第四纪地貌体位错的测量,是定量研究活断层微地貌形态的重要参数之一。结合地貌年代的测定,即计算出断层的平均滑动速率,这对于量化断层的活动强度,评价区域内地震的危险性具有重要的意义。因此,高精度和高分辨的地形数据是实现第四纪地貌体的位移量精确测量的基础,与测绘技术的发展密切相关。

地质调查中,在断层陡坎出露或地表破裂明显的区域,多采用皮尺、罗盘等传统的野外测量工具沿断层走向的横断面进行测量,从而得到断层陡坎或地表破裂的位错量,此数据获取方式简单,在野外地质调查中仍占有主导地位,缺点是数据采集效率较低,只能获取小范围、单点的坐标信息,无法满足断层大面积成图的要求[23-25]。全站仪、激光经纬仪等光学测绘仪器的出现,推动了断层地表微地貌形态测量向高精度测图方向迈出了实质性的一步,但仍存在仪器笨重、测量效率较低,费时费力且易受野外地质环境的影响等,尤其在地质环境比较危险的地方[26,27]。GPS 测量技术能够快速、高效、准确地提供点、线、面要素的精确三维坐标及其他相关的信息,很大程度上推动了断层地表微地貌形态定量化研究发展,但 GPS 测量技术仍未摆脱基于单点测量的数据采集方式,采集效率无法得到本质上的提高[28-30]。20 世纪 70 年代以来,高分辨率的卫星遥感影像提供了从宏观角度研究活断层形态分布与空间展布的技术方法,随着遥感影像分辨率的不断提高,对于大范围研究断层的区域环境、构造地貌、几何特征及走向等方面具有较好的效果[31-34],但大多数商业卫星影像的分辨率最高可达到亚米级,无法刻画出精细的微地貌形态。机载 LiDAR(Light detection and ranging)被广泛应用于活动构造等相关研究,但具有数据获取成本昂贵、数据采集及处理专业性较强等特点,适合开展大范围内的活动构造形态识别及量化研究[17,21,22,35-37]。

三维激光测量技术具有操作简单、采样效率高、高分辨率和非接触测量等优点,可以深入任何复杂、危险环境中快速、高效地获取断层微地貌形态,实现大范围内复杂地质条件下断层微地貌形态的高精度三维重现,并提供了多样化的测绘数据产品[如数字表面模型(digital surface model,DSM)、数字高程模型(digital elevation model,DEM)、等高线等]。三维激光测量技术不仅数据采集效率高、操作简单,对外部环境适应性强,还可以与全站仪、GPS、遥感技术进行结合应用,充分发挥各自技术的优点,对断层的地表变形进行研究。因此,近几年来,三维激光测量技术受到越来越多国内外地质学者的关注,已经被广泛地应用到断层地表变形的研究,并取得了较好的效果[38-41]。

1.2.2 活断层地下浅层结构研究进展

由于受沉积、风化等外部环境及人类生产与生活活动的影响,区域内的地表遗迹保存不完整，地貌形态已经发生一定程度上的退化。因此，通过地表微地貌计算的断层位移量是多次地震后断层活动的累计位移，仅能反映出区域内总体的地震活动情况，无法对区域地震的重复间隔做出评价。为更全面地认识和了解区域内大地震的活动过程、特征与规律，必须对断层浅层结构进行分析，这是目前地震地质研究和地质调查必不可少的内容，尤其是对于古地震的研究[42,43]。且地震后造成的地下结构受周围环境和人类活动影响较小，最大程度上保留了区域内已发生的地震事件。

槽探技术是进行断层地下浅层结构和古地震研究最直接的方法，最早的古地震探槽开挖是 Clark 等沿加利福尼亚的圣哈辛托断层系进行的[44]。经过近 30 多年的发展其应用程度相对成熟，从探槽位置的选定、设计开挖、探测记录到采集年龄样品都有标准的工作流程。探槽剖面上反映出的层错动量、断层特征及其古地震标志等信息，可以把区域内所发生的古地震事件进行初步恢复，为定量研究地震重复周期和估计未来地震发生的危险性提供重要的理论支持[45,46]。探槽技术的优势是可将断层浅层地下结构直观地反映出来，缺点是探槽开挖点的合理选择及开挖需要耗费大量的人力和财力，探槽剖面的人工记录效率和检查频度较低，而且对地表环境的破坏是不可恢复的。

随着地球物理技术的发展，在地面破裂不明显或者缺乏明显标志的区域，地球物理方法（地震波勘探技术、探地雷达、电法仪和磁法仪等）在断层地下浅层结构的探测中发挥着越来越重要的作用。地震波勘探技术主要适用于中深度的探测，具有探测深度深、分辨率较低的特点，此方法理论和应用相对比较成熟。可获取断层大范围深部的结构，并判断出断层的深部发育方向，但无法获取高分辨率的地下浅层结构。相对于电法仪和磁法仪，探地雷达以其高效率、高精度、操作简单、不受地形变化且对地表环境无破坏的优势，近年来已被国外的地质学者广泛用于断层地下浅层结构的探测，并取得了一定的研究成果[47-50]。探地雷达是用高频电磁波（频率一般介于 1 MHz ~ 10 GHz）来确定介质内部物质分布规律的的无损地球物理探测方法，主要针对浅层（小于 100 m）地下地质结构的探测。国内外的研究学者也将探地雷达应用于探槽位置的精确定位，即在探槽开挖之前获取地下断层的浅层结构，以选择最优的探槽开挖位置，这样既节约探测开挖的成本，也提高了探槽开挖的质量及效率，尤其在地表破裂不明显的区域[49,51]。

1.2.3 三维激光测量技术在断层微地貌形态测量上的研究进展

对尺度在几千米甚至上千千米内大范围、宏观断层的研究，可采用地质调查、遥感卫星影像等方法获取断层的微地貌形态；而对于十几米到几十厘米尺度的断层、表面破碎带、断层陡坎等局部活断层的研究，通过借助皮尺、罗盘等传统测量工具的野外实地调查实现断层地表变形的位移的量测。针对小范围内断层微地貌形态的研究，传统的测量方法存在数据采集频率低，工作强度大，易受野外地质环境制约等缺点，仅适用于小范围内亚米级有限采样点数据的获取。为实现断层地表微地貌形态的精确测量，最理想的方法是在建立断层微地貌高精度 DEM 的基础上，通过测量各种地貌参数实现对断层的定量研究，而三维激光测量技术的出现为断层的活动构造的精细化和定量研究提供了一种强有力的手段。

近年来，随着激光测量技术的逐渐成熟，机载激光已被广泛应用在诸多地学研究与工程建设领域，如地质填图、精细地貌、滑坡、同震形变与断层变形信息提取等[52-54]。相对于机载雷达测量系统，地面三维激光测量技术在断层上的应用尚处于初步阶段，但近年来已经开始受到越来越多的地学学者关注。Bawden、Kayen 等在地震发生后，将地面 LiDAR 系统作为震后勘察的工具，获取了高精度的地表变形的数字高程模型，保存了地震现场最珍贵的地形资料，为以后研究地表变形提供了基础数据[55,56]。Kayen(2004)使用地面激光扫描仪、探地雷达及 SASW 结构表面波测试系统对 2002 年发生在阿拉斯加州的纳利断层的 7.9 级地震产生的地表断层和地下浅层结构进行成像研究[40]。Oldow、Singleton 利用附带全球定位系统(GPS)的地面激光扫描系统获取了阿尔沃德伸展盆地中断层作用形成阶地的高精度地形，并得到精确位错量[57]。Wiater 等利用地面激光扫描系统采集了希腊卡帕雷利断层上正断层的点云数据，构网后在 ArcGIS 中进行倾角分析，最后形成了断层面的坡度图，完成了对断层的识别和提取[58]。Gold 等利用地面三维激光测量系统分别对中国的阿尔金山断层中部 3 个地点河流阶地位移量进行精确测量，结合相应测年数据得到阿尔金山断层中部自晚第四纪以来的平均滑动速率为 8～12 mm/a[59]。Gold 等在总结地面三维激光测量系统探测断层地表变形的基本流程基础上，着重对美国内达华州中部的 1954 年迪克西河谷地震形成的地表形变遗迹进行断层滑动速率的定量研究和不确定分析[60]。Bubeck 等利用地面激光三维测量系统对意大利中部的特雷蒙蒂正断层进行三角构网的基础上，实现了断层的提取，重点分析了错断位置的选取及正断层位错计算[61]。

与国外研究相比，国内将三维激光测量技术应用于断层微地貌形态上的研究比较薄弱，尚处于刚起步阶段，只有少数几家单位将三维激光测量技术应用于活断层微地貌形态测量，如中国地震局地质研究所利用地面三维激光测量技术在汶川地震和玉树地震后对地表破裂遗址进行了初步的研究，验证了利用地面三维激光扫描系统在地表破裂带考察中的有效性。汶川地震后，采用高精度测量方法[全站仪、GPS RTK(real time kinematic,RTK)和地面激光扫描仪]沿总长 300 多 km 的地震地表破裂带开展了大量的同震地表形变的微地貌测量，为后期定量分析提供了基础，这是国内利用地面三维激光扫描仪在断层微地貌形态中的首次应用[41]。在玉树地震禅古寺附近，袁小祥等采集了地表破裂精细的三维数据，从模型的多个角度选取剖面对地表破裂进行了定量分析，得到地表破裂的平均垂直同震位错为 74 cm，水平同震位错为 10 cm，并在此基础上分析了断层的性质及破裂特点，如图 1-1、图 1-2 所示[62]。虽然国内的研究处于刚起步的阶段，但说明国内的学者已经开始注意到三维激光测量技术在断层微地貌形态测量中的优势，并逐渐将其应用到实际工作中来。

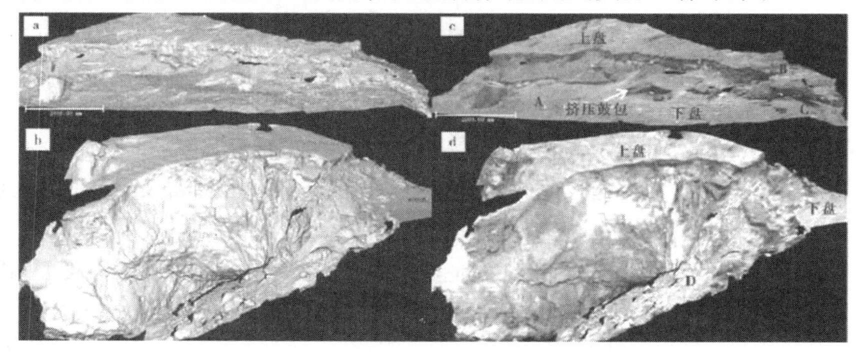

图 1-1　地表破裂的三维建模图

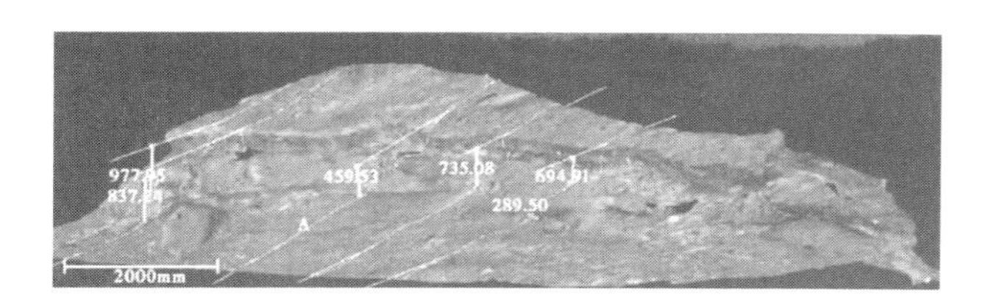

图 1-2　断层垂直位错的计算

地面三维激光测量技术克服传统测量逐点定位的测量方式的缺陷，以密集而连续的点云来描述断层微地貌形态，这仅能满足地表变形简单的可视化显示要求，在点云上无法直接获取断层的特征参数。因此，国内外研究者利用三维激光测量技术对微地貌形态进行研究时，一般选择对离散的点云进行构网后的高精度 DEM 进行相关性分析，这成为利用地面激光对断层微地貌形态进行定量研究的基本思路之一。在高精度、高分辨率 DEM 的基础上，经过后期算法处理可实现对断层地表微地貌变形提取和位错精确测量，很大程度上减少地震平均滑动速率的不确定计算，从而加深对断层地震活动性和复发规律的精细化研究。

1.2.4　探地雷达探测活断层研究进展

20 世纪 90 年代以来，国内外学者利用探地雷达对世界上不同地区的活断层进行了研究，主要集中在城市活断层探测、古地震探测和断层图像解译方法三个方面，由单一频率天线、二维剖面数据采集方式向多频率天线相结合、二维剖面与三维剖面、三维剖面数据采集方式转变，从简单的定性研究逐渐发展到半定量、定量研究。

1.2.4.1　城市活断层探测

城市地震和地质体的活动是危及人们安全的主要因素之一，准确查明地表附近活断层的空间分布，确定深部延伸情况，从而揭示地下介质的特性和深部构造环境，评估其地震危险性和危害程度，使重要建筑设施有效避开，最大程度上减少地震灾害[63-65]。城市活断层探测常用的技术手段是地震勘探法，但在第四系盖层较浅的地质环境，其分层效果较差，提供的上断点深度往往存在较大偏差。近几年来，探地雷达技术以其操作简便、成本低、分辨率高，在覆盖层薄的地区，作为一种重要的辅助手段被广泛应用于城市活断层探测，尤其对于潜伏断层的位置及活动性，不仅能确定出断层上部的形态特征、上断点埋深和产状，还能清晰地显示出断裂带附近岩石的变形情况。

Audru 等[66]利用探地雷达对经过 Wellington 的走滑断裂进行探测，确定出了主断裂经过的区域，并探测出断裂上部的形态特征。Slater 等[67]采用 50 MHz、100 MHz、200 MHz 和 400 MHz 等 4 种不同中心频率的探地雷达评定横穿亚喀巴市的断裂，以共中心点测量方式估算出电磁波的平均速度为 0.095 m/ns，并总结出经过亚喀巴市主断裂的异常特征为倾斜近似 45°的直线反射，并用于附近区域雷达图像的解译。Rashed 等[68,69]为确定上町断裂带的浅层地质构造，通过探地雷达采集的二维时间剖面确定出断层崖的位置和浅表层断层分布，并进一步分析判断出断层呈南北走向。Liberty 等[70]结合地震波、探地雷达和磁法仪对波特兰山隐伏断裂进行探测，确定出断裂的变形区域至少为 400 m，结合探槽开挖，确定出此断裂历史上至少发生过 2 次较大震级的地震。Khorsandi 等[71]利用中心频率为 100 MHz 和 200 MHz 探地雷达确定德黑兰南部北沙雷断裂的区域，综合 3 处不同位置雷达剖面，不仅能准确确定出断裂的位置，还能判断出断层主要为逆断层。Carpentier 等[72]在确定克赖斯特彻奇浅地表层断裂的形态特征中,通过探地雷达将由断裂形成的河流阶地不同时期沉积层在雷达图像上显示出来,通过分析图像上异常区域确定出断层的分布位置,并判断其以逆断层为主。

国内的一些学者也利用探地雷达对城市活动断层进行了研究。薛建等[73,74]在长春市活动断层的探测与活动评价中,利用探地雷达技术清晰地显示出断层上部的形态特征、上断点埋深和岩土分层,并结合钻孔资料对雷达分层结果进行了确认,初步验证了探地雷达在探测城市活动断层中的有效性。崔国柱等[75]和李征西等[76]对不同地球物理方法探测长春市已知断层的效果进行了对比研究,表明探地雷达对活断层的剖面形态研究具有很好的作用,可以提供断层的形态特征,近地表的活动规律,还能为活断层的分段性研究提供依据。李建军等[77]在东昆仑断裂带潜伏断层的研究中,利用探地雷达技术显示出潜伏断层的形态特征和岩土分层,并结合沉积序列,可以对断层的活动性进行分析和评价。

1.2.4.2 古地震探测

探槽是古地震研究的主要环节,选择合理的探槽位置是进行古地震研究的前提。探槽位置选取一般是根据野外实地调查,在地震地表遗迹比较明显的地方开挖,尤其是地面破裂遗迹保存较完整的地区。但在地质调查中,由于时间比较久远,或者沉积、风化等外界环境的变化和人类活动的持续影响,使地震地表遗迹不明显或已遭受破坏,从而导致古地震研究时探槽位置的选择具有一定的难度。探地雷达作为新型的无损探测技术,可被用于在地表破裂不明显的地区确定探槽的最佳位置。Salvi 等[78]采用中心频率为 50 MHz、100 MHz 和 200 MHz 的探地雷达天线根据地表下岩层分布及变形情况,结合探槽剖面确定此处历史上共发生 3 次较大地震事件。Anderson 等[79]以南加利福尼亚的逆冲断层为例证明了探地雷达在沉积环境下确定古地震探槽位置的有效性。Malik 等[80]在研究哈吉普尔断裂的活动性时,为选择合适的探槽位置,选择 SIR 3000 型中心频率为 200 MHz 的探地雷达采集二维和三维探地雷达图像。Cahit 等[81]在布约克门德勒斯地堑区域正断层探测中,首先采用低中心频率(250 MHz)天线确定出电磁波异常区域,然后用高中心频率(500 MHz)天线对电磁波异常区域进行重点探测,最后结合两种不同频率天线探测结果并开挖探槽进行验证,充分克服了高频和低频天线各自的缺点,建立了利用不同频率天线确定探槽位置的基本方法。

古地震研究中,探地雷达除用来选择合适的探槽位置外,在地质条件较好的区域也可以代替探槽,通过获取断裂附近的雷达图像,确定古地震地质标志及地下层位分布,探测方法由二维图像逐渐向三维图像发展。Chow 等[82]利用探地雷达和高精度地震反射法对赤山断裂进行研究,通过中心频率为 200 MHz 的探地雷达图像判断出断层上断点、崩积楔和岩土分层,结合地震勘探法重建赤山断层的地下浅层三维模型,为评估地震活动性提供数据。Dentith 等[83]以 1968 年曼克林地震形成的现已严重风化的断层崖为研究对象,结合已知探槽剖面,验证了探地雷达在复杂地质条件下探测断层崖的可行性。Ercoli 等[84,85]提出利用二维和三维探地雷达图像结合的方式进行古地震探测,首先利用二维探地雷达图像获取区域内大范围的异常区域,然后对电磁波异常集中的区域进行等间距多道二维剖面数据采集,通过后期数据处理生成三维数据,相对于二维图像,三维图像可以将断层上部形态特征和产状等更加形象、直观地反映出来。

1.2.4.3 断层图像解译方法

在利用探地雷达探测活断层的过程中，由于断层附近的地质构造比较复杂，断层又分为正断层、逆断层和平移断层，其形态及发育方向不相同且分布不均匀，加之电磁波在介质传播过程中的能量衰减和外界因素的干扰，使采集雷达剖面中的电磁波特征比较复杂，并伴有多次反射波、信号振铃和电磁波绕射等现象，极大地影响了雷达图像上断层的正确判读。断层图像解译方法最初主要依靠目视解译，与解译者的经验有很大关系。为提高断层解译准确性，一些学者采用结合已知探槽剖面方法进行图像解译[86-88]。

随着计算机技术的发展，数值分析方法被广泛应用探地雷达图像解译[89,90]。探地雷达图像数值模拟的方法较多，但以时间域有限差分法应用最为广泛，基本实现方法是利用计算机以离散差分形式在时间和空间上实现电磁波在地下介质中传播路径的模拟。Maurizio 等[91]利用已知探槽建立断层的数值模型，分别模拟出 500 MHz 和 250 MHz 的正演图像，通过与实际剖面对比，总结出断层在雷达图像上的雷达波响应特征为：断裂或断裂区域内的电磁波反射特征与周围介质的电磁波反射特征差异较大，断裂两侧有时会伴有双曲线绕射现象，但其强度较弱，且连续层位反射波信号会发生中断或错断。

二维雷达剖面存在显示形式单一、无法以多角度方式对断层的特征参数进行定量分析等缺点。随着探地雷达硬件及软件技术的进一步发展，探地雷达探测断裂方法开始由二维向三维和二、三维交互方向发展，对此国外学者已经进行了某些研究，并取得了一定的成果[92-96]。通过三维或者二维、三维相互交互的显示方式，不仅能将断裂附近的浅层变形结构以不同的视角显示出来，而且可以实现对特征参数的定量分析，例如层位的错距、上断点离地面的距离等。

1.2.5 综合两技术在活断层探测上的应用进展

地面激光点云与探地雷达图像的无缝融合，可实现断层地表微地貌和浅层结构的高精度三维重现，为活断层微地貌形态和浅层结构的表达提供多视觉、多层次的空间数据，也促进了复杂地质条件下断层在探地雷达图像上的正确识别和解译。地面激光点云与探地雷达图像的融合方法归纳如下：

（1）基于计算机视觉原理直接从数据原始层上实现离散点云与探地雷达二维栅格图像的简单叠加显示[61,97-99]，见图 1-3（a），此融合方法缺乏考虑两数据格式、尺度的统一问题，融合精度更无法保证；

（2）将探地雷达图像转换为离散点云，通过控制点等方法实现两异构空间数据的融合显示[100-103]，见图 1-3（b）。与第一种方法相比，这种方法不仅可实现两异构空间数据在数据结构层面的深度融合，也提供了多样的数据融合方式，如点云与探地雷达的二维剖面、三维数据及水平切片等融合显示。

综合地面激光与探地雷达在活断层探测上的应用始于在纳利断层上同震破裂地貌和浅层结构探测，初步验证了两技术在活断层探测方面具有良好的应用效果[40]。Spahic[102]基于地面激光点云与探地雷达图像重建了断层地表露头模型，首次实现两数据在地质建模软件 GOCAD（geological object computer aided design）中的叠加显示。Bubeck 等[61]在利用地面激光点云校正探地雷达图像的基础上，实现了两异构空间数据融合，并依据融合结果重新定位断层面位置与产状，提高了正断层垂直位错量的计算精度。

(a)点云与雷达图像简单叠加显示[61]

(b)点云与雷达图像一体化显示(点云形式)[103]

图 1-3　地面激光点云与探地雷达图像融合显示效果

Schneiderwind 等[104]形成了基于地面 LiDAR 和探地雷达的地质剖面地层单元的自动识别方法,并对地层单元进行三维重建。Cowie 等[99]利用地面 LiDAR 与探地雷达精确限制了断层的滑动量。结果表明,融合地面激光点云与探地雷达图像在活断层探测上具有巨大的应用潜力,地面激光点云中含有丰富的空间结构、形态特征和光谱特征,可以提高探地雷达图像的正确解译,而探地雷达图像可最大程度上减少外部环境(沉积、风化等)对地表地貌形态的改造,恢复原始地貌形态,重新定位断层在地表的位置及走向,限定地表下变形带宽度、地质构造形态、断层位错等。

1.2.6　存在的问题

通过以上研究现状分析及总结,国内外利用地面激光和探地雷达探测活断层的研究虽然已经取得了一定的成果,但在以下方面仍需进行进一步地深入研究。

(1)国内外针对综合地面激光与探地雷达的活断层探测理论和方法的研究比较有限,研究方向和内容重点集中在地面激光或探地雷达单一技术探测活断层的理论及方法上,缺乏针对集地表与浅层遥感数据、面向精细化——全方位的活断层微地貌形态和浅层结构的一体化探测理论与方法的系统性研究。

(2)克服单一技术探测和信息源在活断层探测和解译中的局限性,提高复杂地质条件下断层雷达信号的定位精度和定量识别的准确性。充分利用地面激光点云中丰富的空间结构、形态特征和光谱特征等空间信息,建立基于地面激光的探地雷达图像地形校正方法、基于地面激光的断层雷达信号正演模拟方法和融合两空间数据一体化融合方法,在整体上提高断层探地雷达信号的定位精度和定量识别的准确性,进一步完善综合地面激光与探地雷达探测活断层的理论体系,拓展了两技术结合应用的领域。

1.3　本书主要研究内容

本书重点对综合地面激光与探地雷达探测活断层微地貌形态与地下浅层结构的理论与关键技术进行研究,建立综合地面激光与探地雷达探测活断层的理论和方法,并以玉树左旋走滑活动断裂和理塘活动断裂上典型微地貌为研究对象,开展综合地面激光与探地雷达的活断层探测方法的应用,并结合现场地质调查方法(探槽等),检验综合地面激光雷达与探地雷达的断层探测效果及方法的有效性和适用性。全文共分九章。

第 1 章是绪论。在简要介绍研究背景的基础上，详细介绍了断层微地貌形态和浅层地下结构的研究进展、三维激光测量技术在断层微地貌形态测量上的研究进展、探地雷达探测活断层研究进展和综合两技术在活断层探测上的应用进展。

第 2 章是基本原理，即三维激光测量技术与探地雷达的工作原理。在简单阐述三维激光测量系统的主要组成部分的基础上，介绍了基于时间测量原理、相位测量原理和光学三角测量原理的三维激光测量系统。简单阐述电磁波在介质中传播的经典 Maxwell 方程组基础上，重点介绍了电磁波双程传播时间、传播速度、电磁波探测深度和反射系数等重要参数及意义，并总结了常见介质的相对介电常数和电磁波传播速度。

第 3 章是数据采集与预处理技术。着重介绍了地面三维激光扫描技术在断层微地貌形态测量的数据采集及处理流程，主要包括站点设置、靶球放置和扫描参数设置、点云配准和彩色点云生成等主要步骤。详细介绍了探地雷达探测活断层的数据采集方法，形成了高中心频率和低中心频率天线相结合的数据采集方式，简要介绍了探地雷达数据处理的基本流程。

第 4 章是断层微地貌形态识别与定量分析。重点介绍了点云滤波、点云重采样和三角构网、坡度图和等高线图的生成方法，综合坡度图、等高线图研究断层微地貌形态提取方法。以提取出微地貌形态的二维地形剖面为基础，结合最小二乘拟合方法分别拟合出断层上下盘和断层陡坎的测量参考线后，并精确计算出微地貌的垂直位错量，为以后应用地面激光定量分析断层的微地貌形态提供了方法参考。

第 5 章为探地雷达探测断层浅层结构成像技术。首先，详细介绍了基于差分 GPS 的探地雷达图像地形校正方法；其次，在介绍正演模拟原理和常用方法的基础上，建立了断层的数值模型，采用 FDTD 方法模拟不同中心频率天线的断层雷达图像，初步总结出断层在探地雷达图像上的雷达波响应特征。最后，基于多道平行二维剖面，详细介绍了探地雷达图像的三维重建和水平切片的技术。

第 6 章为综合地面激光与探地雷达的活断层探测方法。根据地面激光和探地雷达技术的数据采集的方式及数据特点，主要从三个方面展开对综合两技术探测活断层的关键技术进行研究：基于地面激光的探地雷达图像地形校正方法、基于地面激光的探地雷达图像正演模拟方法和两空间数据一体化融合显示方法。

第 7 章为探地雷达在玉树左旋走滑活动断裂上的探测应用。沿玉树左旋走滑活动断裂带依次选择四处典型地貌研究点，采用探地雷达依次获取地下浅层结构，并结合现场地质调查方法（主要是探槽），检验探地雷达的断层探测效果及方法的有效性和适用性。

第 8 章为综合地面激光与探地雷达在理塘活动断裂上的探测应用。沿理塘活动断裂依次选择四处典型地貌研究点，综合地面激光雷达和探地雷达来获取典型地貌区域高精度地貌形态和浅层结构，并在禾尼处实现地面激光与探地雷达图像的一体化显示。结合两处现场地质调查方法（探槽等），检验综合地面激光雷达与探地雷达的断层探测效果及方法的有效性和适用性。

第 9 章是总结和展望。全面介绍了本书的主要研究内容和研究成果，给出了本书的创新点，针对存在的问题，提出了下一步研究的方向。

第2章　基本原理

2.1　三维激光测量技术简介

三维激光测量技术是20世纪90年代出现的一种获取高分辨率地球空间信息的技术，又称“实景复制技术”。从整个测绘技术的发展来看，三维激光测量技术推动了测绘领域应用的迅速发展[105,106]。它克服传统测量技术的缺点，实现了从传统单点测量方式向连续的、快速的面测量方式转变，以非接触的测量方式直接获取物体表面的几何形态，从而快速实现了各种大型的、复杂的、不规则的实体或实景的二维到三维实测数据的重构。利用三维激光测量技术可以深入到任何复杂、危险的环境中快速获取大面积、高分辨率的空间信息，克服光学形变因素带来变形形态误差，为高效建立物体的三维建模和虚拟重现提供了一种全新的手段。另外，三维激光测量技术在快速获取实体表面立体信息的同时，通过内置或外置的高分辨率相机和GPS接收机则可获取物体表面的纹理信息和精确的坐标信息，为目标的识别和多样化显示提供数据支持。随着三维激光测量技术的不断发展，其自动化程度、数据处理越来越成熟，在许多领域受到越来越高的重视，并在地形测量、地形勘测、滑坡监测、城市规划、矿山开采、建筑工程、工业测量、数字城市、虚拟现实、文物保护、古建筑重建等领域得到广泛的应用[107]。

2.2　三维激光扫描系统组成

三维激光扫描系统主要由三维激光扫描仪、计算机、电源及附属配套设备组成。三维激光扫描仪是通过连续发射激光来获取被测物体表面三维坐标和反射光强度的仪器。作为三维激光扫描系统的主要组成部分，三维激光扫描仪是由激光发射器、接收器、时间（相位差）解码器、光机电自动传感装置、控制电路、微电脑、内置相机及相关采集和预处理软件等组成。

2.2.1　激光发射和接收单元

激光发射单元是激光雷达的信号发射源。激光发射单元以一定的波长和波形，通过光学天线发射定功率的激光。激光接收单元通过光学天线收集目标的回波信号，经过光电探测器转换成电信号，再经过放大和信号处理，获得距离、方位、速度和图像信息，输送到显示和控制系统。因此，激光发射单元的参数直接影响激光雷达总体性能参数。三维激光扫描仪的发射单元由激光器、调制器、放大器和发射准直光学系统组成，如图2-1所示。

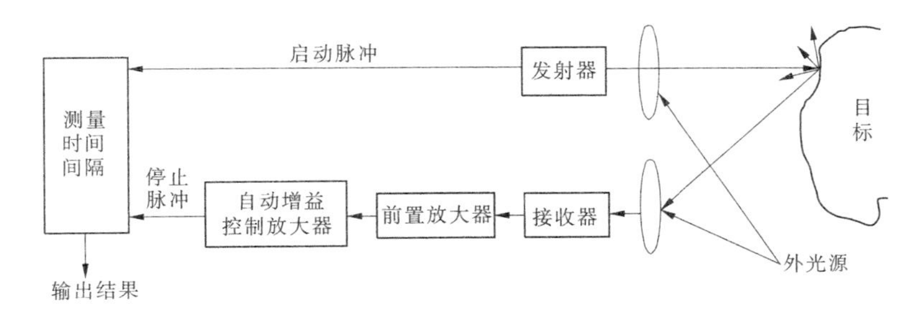

图 2-1　激光发射和接收单元

2.2.1.1　激光器

激光器是三维激光扫描仪的关键部件，是一种光振荡和光放大器件。通过激光器发射测量所需要的波长、功率、束宽和模式的激光光束。一般地，三维激光扫描仪上的激光器主要有三大类：半导体激光器、固体激光器（Nd：YAG）和气体激光器（N_2、Ar+、He-Ne）。

2.2.1.2　调制器

调制器是将激光信号调制为发射波形的器件。激光的发射波形有调幅连续波、调频率连续波和窄脉冲。激光调制有调幅（amplitude modulation，AM）即调制激光强度、调频（frequency modulation，FM）和调 Q 等形式。

2.2.1.3　放大器

将激光调制信号放大到较高功率的激光器件，称为主振荡功率放大器。每一种调制技术对激光发射功率都有一定的限制。激光发射系统中的器件（如输出耦合器、光电调制器等）一般决定最大的输出功率。在一些特殊应用中，如果需要的激光发射功率大于激光器直接产生的功率，就需要采用光学放大器。

2.2.1.4　发射准直光学系统

发射准直光学系统的作用是将激化器发射的激光束变成直径和发散角都符合要求的光束。若要提高分辨率，需要采用长焦距准直光学系统，以得到发散角小的激光光束；若要测量较大空间范围内的目标就要进行扩束，因此应采用扩束光学系统。

激光接收单元由前端的光电探测器、后置信息处理器和显示及控制器三大分系统组成，其中光电探测器及其后的信号处理器是激光雷达接收机的主要组成部分。

2.2.2　内置相机

激光扫描仪的内置相机主要用于扫描时的取景，可以协助扫描工作同步监测、遥控、选位、拍照，立体编辑等，有利于现场目标选择、优化及对复杂空间及不友好环境下的操作。它也可以提供一个现场的全景照片，以便和扫描图形本身进行对比，以及在处理数据时进行叠加、修正、调整、编辑、贴图等。比如，早期的 Optech ILRIS-3D 扫描仪自携的数码相机分辨率就很低，无法满足三维精细化建模时纹理映射的要求。因此，在很多情况下，是在该扫描仪顶部安装一个高分辨率的数码相机，以满足彩色点云赋予过程中对纹理精细度的要求。

2.2.3 靶标

靶标是由特殊材料制作成特殊形状来辅助点云特征点的拟合。靶标主要有两方面作用,第一,为三维激光扫描仪获取的多视觉或多场景点云拼接提供同名点;第二,可以作为已知控制点用于点云从仪器坐标系到绝对坐标系的转换。三维激光扫描仪的靶标分为平面靶标、球靶标和圆柱靶标,如图 2-2 所示。

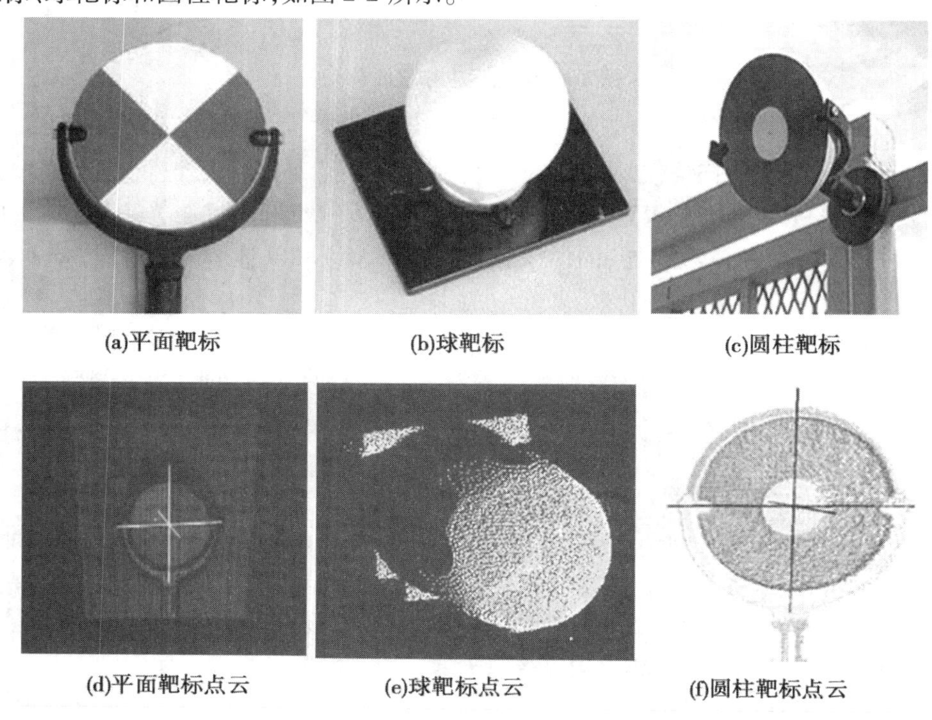

(a)平面靶标　(b)球靶标　(c)圆柱靶标

(d)平面靶标点云　(e)球靶标点云　(f)圆柱靶标点云

图 2-2　靶标

(1)平面靶标。布设比较容易,可以直接贴在墙面上,反射强度反差大,用其配准作业具有很高的精度,也能够和全站仪等配合使用,主要用于条带及面状目标的配准和坐标转换。

(2)球靶标。球靶标的球体由高反射率材料组成,拟合球形点云就可以得到球心。球靶标由于从任意方向上都能得到球心坐标,尤其是能够融合建筑物内部和外部扫描及转角处的扫描,因此主要用于多视角点云模型的拼接。

(3)圆柱靶标。圆柱靶标的作用和球靶标相似,很多适用场合不需要俯视扫描或者仰视扫描,因此只需要侧面信息就可以获得圆柱中轴线,以中轴线作为几何配准不变量。

2.2.4 可装配设备(数码相机、GPS)

除上面设备外,根据具体测量任务的要求,三维激光扫描仪还可以外置高分辨率的数码相机和 GPS 接收机等。数码相机主要用来获取三维建模所需精细的纹理信息。GPS 用来获取三维激光扫描仪静态测量时的绝对坐标,还可以与多传感器集成进行动态组合导航,比如移动测量平台上的 GPS 和惯性测量单元(Intertial measurement unit,IMU)的组合导航。GPS 主要获取运行轨迹上每一时刻的位置,IMU 用于确定平台的方位与姿态,三维激光扫描仪则记录目标点到平台的距离与角度;线阵、面阵或全景相机则可以获取测量平台两侧纹理信息。对采集数据进行后处理,可以快速实现三维模型重建。

2.3　三维激光扫描测量系统的基本原理

2.3.1　基本原理

三维激光扫描测量系统主要由激光测距系统、扫描仪旋转平台、内置或外置相机、软件控制平台及电源等其他附件设备组成,见图 2-3。它是一种集成了电子学、光学、物理学等多种学科新技术的全新空间数据信息获取技术。利用三维激光扫描系统可以快速实

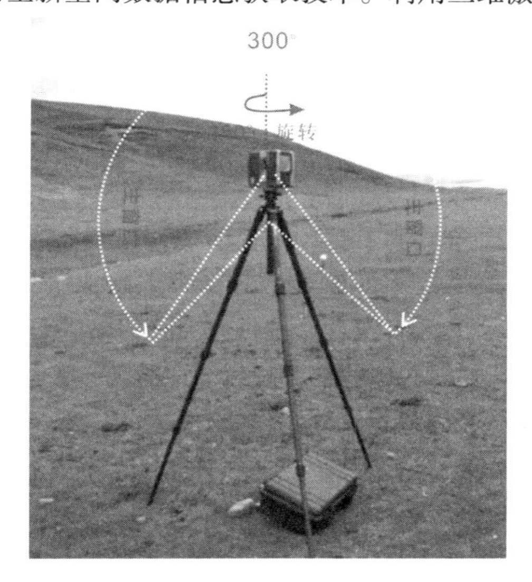

图 2-3　地面激光扫描仪

现复杂、不规则和非标准的实体三维重构,不仅可以实现线、面、体、空间各种制图数据,还可以通过数据后处理实现对空间数据的定量分析。三维激光扫描仪主要由激光测距系统、成像系统和支架组成,为获取外部场景的纹理信息,还集成了内置或外置高分辨率相机。激光扫描仪工作时,脉冲信号通过电子装置发射出来,经过高速旋转的棱镜,发生反射到达物体表面,其反射回来的信号被接收器接收并记录下来,最后通过一系列转换生成能够识别的点云,原始点云数据主要包括两个角度信息和一个距离信息。现在流行的商业三维激光扫描系统的外形结构虽然比较相似,但其工作原理却大相径庭。按照激光扫描系统测距原理可将激光扫描测量系统分为三类:基于时间测量原理(time - of - flight),又称脉冲测距法;基于相位测量原理(phase measurement);基于激光雷达或光学的三角测量原理(optical triangulation, laser radar),又称激光三角法。

2.3.1.1　基于时间测量原理

由激光测距系统中的脉冲二极管发出的窄束脉冲信号,经过高速旋转的棱镜以不同

的角度射向空间物体的表面，然后通过接收器记录每个激光脉冲遇到目标物返回的时间差、角度值、强度等信息。基于脉冲测距原理的三维激光点坐标的计算方法，见图 2-4。其中，S 为激光中心到物体表面的测距观测值，α 和 β 分别为每个激光脉冲的横向角度观测值和纵向角度观测值，由此可得点 P 坐标的计算公式为

$$\left.\begin{aligned} X_S &= S\cos\beta\cos\alpha \\ Y_S &= S\cos\beta\sin\alpha \\ Z_S &= S\sin\alpha \end{aligned}\right\} \tag{2-1}$$

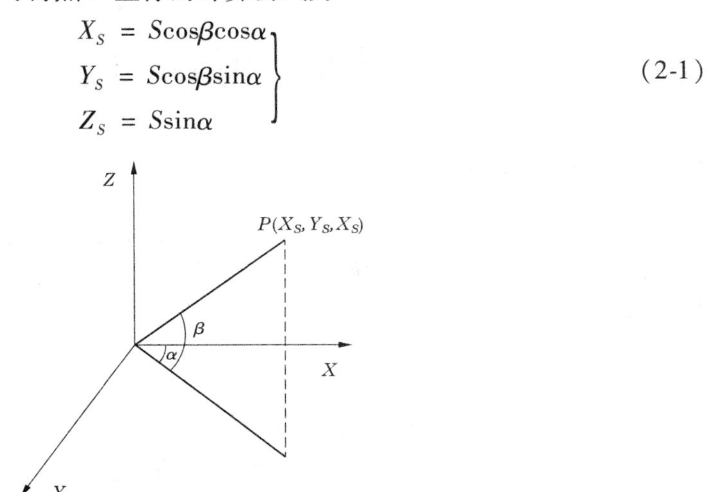

图 2-4　基于脉冲测距法的三维激光点坐标计算方法

大多数的激光扫描系统基本上都是基于脉冲测距原理，此类型激光扫描系统（如奥地利的 RIRGL 型激光）的测量距离较远，一般可以达到几百米，甚至千米以上，但在大范围的扫描测距中，测距精度会随着扫描距离的增加而不断降低。

2.3.1.2　基于相位测量原理

基于相位测量原理的激光扫描系统主要是通过脉冲干涉相位原理来实现对空间物体的测量，多属于中距离的扫描测量系统，扫描范围通常在 100 m 以内，如美国 FARO 型激光。其测量原理见图 2-5。由于考虑到相位带来的位置差，它的精度可以达到毫米量级，多用于数字考古、交通事故和犯罪现场的重建、工业模型、外形与结构形变、产品几何图形等方面。

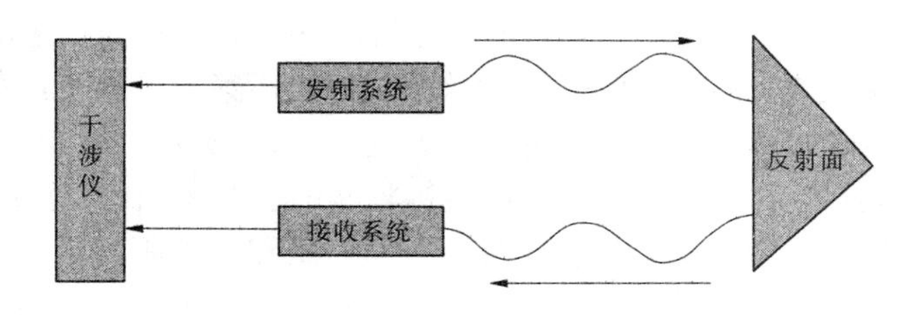

图 2-5　相位法测量原理图

2.3.1.3　光学三角测量原理

基于光学三角测量原理的激光扫描系统主要利用三角形的几何关系求测距离，其原理见图 2-6。利用 CCD（charge couple device）相机记录的入射光与反射光的夹角，根据已

知的激光光源与CCD相机之间的基线长度，由三角形的几何关系计算出扫描仪中心到物体表面的距离。此类型的激光扫描系统为保证扫描信息的完整性，测量距离通常只有几米到数十米。但它的精度可以达到亚毫米级，主要应用于工业测量和逆向工程的重建[108]。

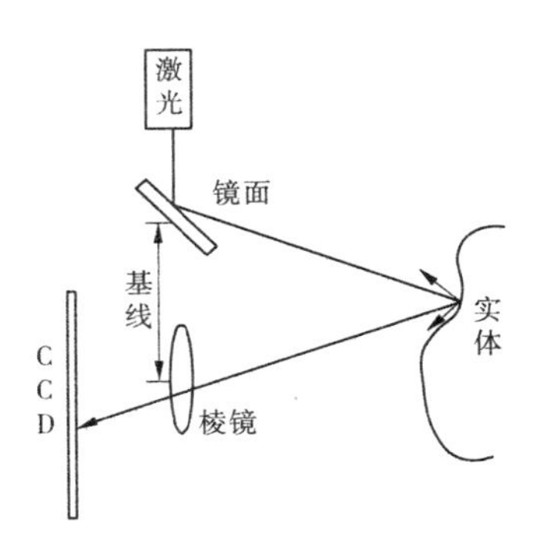

图 2-6　光学三角测量原理

2.3.2　主要技术指标

地面激光扫描仪是整个系统的核心，它的性能决定了获取点云数据的质量和效率，其性能主要是通过一系列指标来刻画。地面激光扫描仪最重要的性能指标有点位精度、距离分辨率和角度分辨率、模型精度、激光波长、扫描速度、扫描距离、光斑大小、视场角、激光安全等级等。

2.3.2.1　点位精度

点位精度用来衡量地面激光扫描仪克服各种偶然误差能力的大小，是地面激光扫描仪最重要的指标。描述点位精度要指定距离，如徕卡 HDS6000 的点位精度为 6 mm@25 m。按照是否重复扫描又分为单次点位精度和多次平均点位精度。如天宝 GS200 的单次点位精度可达 3 mm，而 4 次平均点位精度可达 1.4 mm。

2.3.2.2　距离分辨率和角度分辨率

距离分辨率是地面激光扫描仪可以探测到的最小距离变化的能力，它受到光束发散和激光信噪比的影响。角度分辨率是地面激光扫描仪在相同距离下可以探测到连续平面上两个不同点的能力，主要受到光斑大小的影响。距离分辨率和角度分辨率最终决定了点云的空间分辨率。

2.3.2.3　模型精度

模型精度是衡量最终三维模型质量的指标，主要受数据配准和几何建模过程的影响。由于模型是对大量点云数据经过平差、拟合等处理得到的，因而其精度要高于点云的点位精度。

2.3.2.4　激光波长

激光波长的选择考虑的因素有灵敏度、大气衰减和目标光谱反射率。灵敏度最佳的激光波长为 800 ~ 1 000 nm，所以一些地面激光扫描仪所选择的激光波长是 900 nm，如 Leica HDS 4500、LMS - Z420、I - SiTE 4400 等。在光波范围的大气穿透性最好的波长范围为0.45 ~ 0.60 μm(蓝光到黄光),因此一些地面激光扫描仪选择波长为532nm的激光以减少大气衰减影响,如徕卡 HDS 3000、徕卡 ScanStation、天宝 GS200、天宝 GX200 等。此外,不同目标的光谱反射特性是不一样的,在波长相同的情况下,激光对于不同目标也有着不同的激光反射率,因而选择特定的激光波长有助于获取特定目标的点云。

2.3.2.5 扫描速度

扫描速度即单位时间内扫描物体的长度。与激光发射频率 PRR(pulse repetition rate)相同,即单位时间内发射或接收的激光点数(受散射等影响,激光发射装置发射 N 个激光点接收装置仅能接收到 $N/3 \sim N/5$ 个点)。PRR 越高,在单位时间内所发射的激光点的数量越多。PRR 与单位时间发射点数 N 的关系如下:

当 $PRR = f$ 时,发射相邻两个激光点的间隔时间为

$$\Delta T = \frac{1}{f} \tag{2-2}$$

则单位时间内可以发射的激光点数量 N 为

$$N = \frac{1}{\Delta T} = f \tag{2-3}$$

相位式测距方式的最大扫描速度达到每秒500 000点,远高于脉冲式测距方式。更高的扫描速度需要更大的激光功率,出于对设备的保护,正常工作时的实际扫描速度只达到最大扫描速度的一半左右。

2.3.2.6 扫描距离

扫描距离指在激光束垂直入射,目标实体的平面尺寸超过激光束直径时,所能达到的射程。它取决于激光发射频率、波长和目标反射率。

反射率为投射到物体上面被反射的激光能量与投射到物体上的总激光能量之比,直接影响激光扫描仪的实际测距能力。通常的扫描距离是指在90%以上反射率情况下的。指定的反射率越小,对应扫描距离也越小。

激光发射频率越高,扫描距离越近,这也是相位式扫描仪普遍扫描距离偏近的原因。PRR 与扫描距离(射程)的关系:

当 $PRR = f$ 时,发射相邻两个激光点的间隔时间为

$$\Delta T = \frac{1}{f} \tag{2-4}$$

若光速为 c,则扫描仪理论最大扫描距离 D 为

$$D = c \cdot \frac{\Delta T}{2} = c \cdot \frac{1}{2f} \tag{2-5}$$

2.3.2.7 光斑大小

在波长一定的情况下,随着距离的增大,扫描到目标表面的光斑直径也增大。所以,光斑大小是和距离有关的指标,在描述该指标的时候都需要指定距离,如徕卡 HDS 6000的光斑大小为14 mm@50 m,天宝 GS 200的光斑大小为3 mm@50 m。光斑大小是影响地面三维激光扫描误差的重要因素之一。

2.3.2.8 视场角

主流地面激光扫描仪在水平方向上都能实现360°全方位扫描。但在竖直方向上,由

于仪器自身与激光器的位置关系限制，仪器下方部分范围形成盲区。此外，一些地面激光扫描仪主要面向户外测量，仪器上方大多情况下为无目标区，所以竖直视场角要小于水平视场角。

2.3.2.9 激光安全等级

能量高度集中的激光光束有可能对人体造成损害，如眼睛或皮肤。所以，国际电工技术委员会 IEC(international electro - technical commission)和食品及药品管理局 FDA(food and drug administration)对激光设备的安全性，按其激光输出值的大小进行了分类。正规生产激光设备，其安全等级均应按 IEC 或 FDA 标准进行标注。IEC 标准将激光设备分为五个等级，分别称为 Class1、Class2、Class3A、Class3B、Class4。

Class 1：功率甚小，可用于任何场合且不伤人眼睛。

Class 2：在直视超过 1 000 s 时，会对人眼造成伤害。

Class 3：避免眼睛直视。

FDA 标准将激光设备分为六个等级，即 Class Ⅰ、Class Ⅱa、Class Ⅱ、Class Ⅲa、Class Ⅲb 和 ClassⅣ。对 Class Ⅰ，其激光辐射量是无害的；对 ClassⅣ，其激光辐射量无论是直接辐射还是散射，对皮肤和眼睛均是有害的。激光安全等级关系到仪器的扫描距离和使用场合。

2.3.3 三维激光扫描仪的分类

2.3.3.1 按照承载平台角度划分

1. 机载(或星载)型激光扫描系统

机载型激光扫描系统测距可以达到几百米，甚至上千米（Riegl 公司的产品），但精度相对较低。这类系统由激光扫描仪(LS)、飞行惯导系统(INS)、DGPS 定位系统、成像装置(UI)、计算机及数据采集器、记录器、处理软件和电源构成。DGPS 系统给出成像系统和扫描仪的精确空间三维坐标；飞行惯导系统给出其空中的姿态参数，由激光扫描仪进行空对地式的扫描来测定成像中心到地面采样点的精确距离，再根据几何原理计算出采样点的三维坐标。此系统被广泛应用于地形地貌测量、公路、铁路、电站、矿山等工程。

2. 地面型激光扫描系统

地面型激光扫描系统可划分为两类，一类是移动式激光扫描系统；另一类是固定式激光扫描系统。

所谓移动式激光扫描系统，是集成了激光扫描仪，CCD 相机(或全景相机)及数字彩色相机的数据采集和记录装置，GPS 接收机，里程计等传感器于一体，基于车载平台(或者其他移动平台)，由激光扫描仪和摄影测量获取原始数据作为三维建模的数据源。移动式激光扫描系统具有如下优点：能够直接获取被测目标的三维点云数据坐标；可连续快速扫描；效率高，速度快。但是，目前市场上的车载地面三维激光扫描系统的价格比较昂贵(500 万元以上)，只有少数地区和部门使用。

而固定式激光扫描系统类似于传统测量中的全站仪，它由一个激光扫描仪和一个内置或外置的数码相机，以及软件控制系统组成。两者的不同之处在于固定式扫描仪采集的不是离散的单点三维坐标，而是一系列的点云数据。这些点云数据可以直接用来进行三维建模，数码相机的功能是提供对应扫描点云数据的纹理信息和实体的边缘信息。

3. 手持型激光扫描仪

这是一种便携式的激光测距系统，可以高效、精确地给出物体的长度、面积、体积等信息，可以帮助用户在数秒内快速地测得精确、可靠的结果。应用范围比较广泛，包括古建筑重建、建筑应用、洞穴测量和液面测量等。此类型的仪器配有联机软件和反射片。

另外，在特殊场合应用的激光扫描仪，如洞穴中应用的激光扫描仪：在特定非常危险或难以到达的环境中，如地下矿山隧道、溶洞洞穴、人工开凿的隧道等狭小、细长型空间范围内，三维激光扫描技术也可以进行三维扫描。

2.3.3.2 按照测距原理划分

1. 激光脉冲测距原理

这种原理的测距系统测距范围可以达到几百米，甚至上千米的距离（Riegl 公司的产品），但精度相对较低。这类扫描仪应用范围广，不仅适用于室内环境，还可以在室外环境中应用，如地形地貌测量、矿山开采、土木工程、水利、水电、公路、铁路、电站、建筑等工程、滑坡监测、泥石流监测、河水和海水对港口码头和堤坝的侵蚀变化、隧道施工过程扫描（超、欠挖等），桥梁和隧道的变形监测，文化遗产数字化建档和分析，三维建筑物模型生成等。

2. 相位测距原理

主要用于进行中等距离的扫描测量，扫描范围通常限制在 100 m 内，与时间测量原理相比，它的精度可以达到毫米量级。这类扫描仪多用于在数字工厂（石油、天然气、化工、汽车、重工业等工厂，轮船、飞机）的重建、交通事故和犯罪现场数字记录、铁路轨道扫描和隧道扫描，具有近距离、高点云密度、厘米或分米级精度的特点。

3. 光学三角原理

为保证扫描信息的完整性，许多扫描仪只扫描几米到数十米的范围。它们主要用于工业测量和逆向工程重建中，可以达到亚毫米级的精度。

2.3.3.3 按照成像方式划分

1. 摄影式扫描系统

扫描过程中，激光扫描仪头部整体保持不变，依靠内置的反射镜面实现激光束的水平和垂直偏转。此类型的扫描成像与相机类似，扫描的瞬时视场有限，因此称为摄影式扫描。它适用于室外物体扫，尤其是适用于长距离的扫描。

2. 全景式扫描系统

扫描过程中激光光束的垂直偏转依靠反射镜面摆动，而水平偏转是激光扫描仪头部在步进电机的帮助下绕竖轴完成的，因此称为头部旋转式扫描或全景式扫描。扫描的瞬时视场大，适用于室内扫描，如数字化房屋、设备扫描等。目前，主流地面三维激光扫描仪多采取这种扫描方式。

3. 混合型扫描系统

混合型扫描系统集成上述两种扫描类型的优点，在水平方向的轴系旋转不受任何的限制，而垂直方向的旋转受镜面翻转的局限，如图 2-7 所示。天宝 GS200 和瑞格 LMS Z420 都属于这种类型。

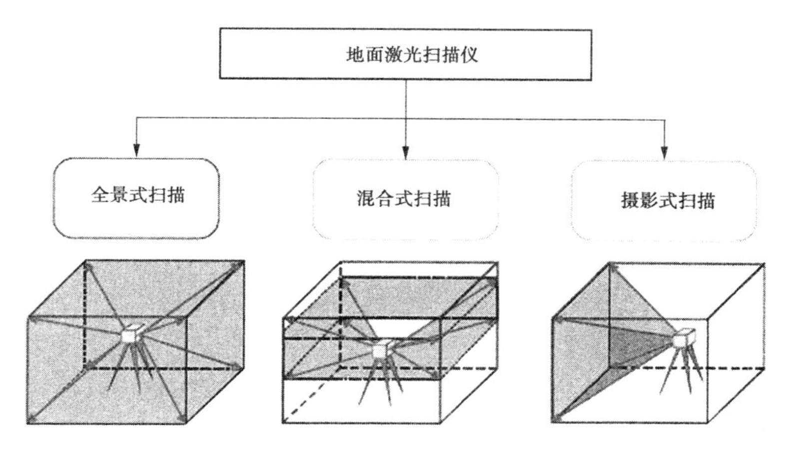

图 2-7　混合型扫描系统

2.3.3.4　按照有效扫描距离划分

1. 短距离激光扫描仪

这类扫描仪最长扫描距离只有几米，一般最佳扫描距离为 0.6～1.2 m，通常适用于小型模具的量测。不仅扫描速度快且精度较高，可以在短时间内精确地获取物体的长度、面积、体积等信息。例如，美能达公司出品的 VIVID 910 高精度三维激光扫描仪、手持式三维数据扫描仪 FastScan 等，都属于这类扫描仪。

2. 中距离激光扫描仪

中距离激光扫描仪指的是最长扫描距离在几十米以内的三维激光扫描仪，主要用于室内空间和大型模具的测量。

3. 长距离激光扫描仪

长距离激光扫描仪指的是扫描距离超过百米的三维激光扫描仪，主要应用于建筑物、矿山、大坝、大型土木工程等的测量。例如，奥地利 Riegl 公司出品的 LMS Z420i 三维激光扫描仪和加拿大 Cyra 技术有限责任公司出品的 Cyrax 2500 激光扫描仪等，都属于长距离激光扫描仪。

4. 机载（星载）激光扫描仪

机载（星载）激光扫描系统，最长扫描距离大于 1 km，由激光扫描仪、DGPS 定位系统、飞行惯导系统、成像装置、计算机及数据采集、记录设备、处理软件及电源构成。机载（星载）激光扫描系统一般采用直升机或固定翼飞机做平台，应用激光扫描仪及实时动态 GPS 对地面进行高精度、准确实时测量。

2.3.3.5　按照反射镜面类型划分

1. 摆动平面镜

摆动平面镜以恒定频率在两个角位置（最高和最低）摆动，由正弦波发生器控制的振动电机驱动，如图 2-8 所示。平面摆动镜的瞬时扫描角为

$$\theta(t) = \frac{\theta_{\max}}{2}\sin(\omega t) \tag{2-6}$$

式中，$\theta_{\max}$ 为最大的扫描角；ω 为振荡频率；t 为时间。

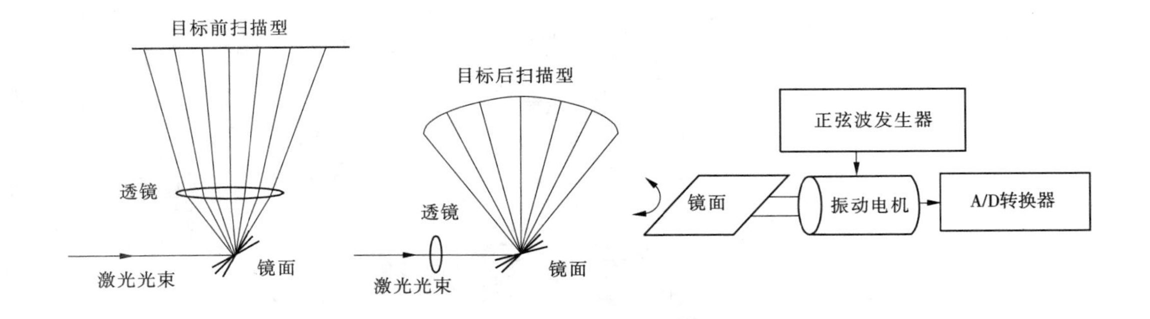

图 2-8　摆动平面镜

为了精确定位平面镜,它被固定到扫描仪旋转轴上,并保证不发生形变。平面镜由铝、铁合金、钛、铍等加工而成,Leica ScanStation 等采用这类扫描方式。

2. 多边形旋转镜

多边形旋转镜是具有三个或更多的反射面的旋转光学元件,直接固定于旋转电机旋翼轴上,例如棱柱形反射镜扫描,Rigel 就采用这类扫描方式。稳定的电机转子、均衡的旋转力度和温度是性能良好的扫描仪的保证,如图 2-9 所示。镜面平行且等距离于中心旋转轴,制作成本低,所用材料为铝、塑料、玻璃或铍等。表面粘贴光学薄膜,以改善其反射性和提高耐久性。多边形旋转镜优点是速度快,提供较大的扫描角度和稳定的速度。

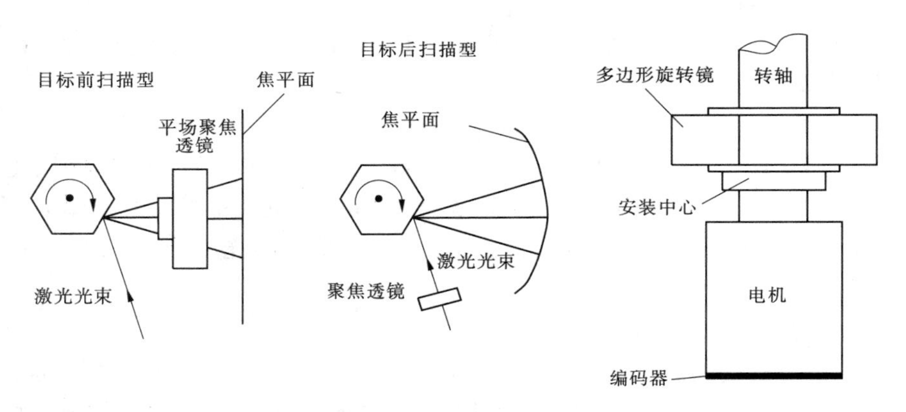

图 2-9　多边形旋转镜

在垂直扫描情况下,多边形旋转镜的扫描最大角为

$$\theta = \frac{720° \cdot C}{n} \tag{2-7}$$

式中,n 为多边形面数;C 为占空比,是主动扫描时间与扫描总时间之比,一般为 30% ~ 90%。

扫描速度,即每秒的扫描线数目为

$$N = n \cdot v \tag{2-8}$$

式中，v 为电机转速。

根据镜面所在位置，又分为目标前扫描型和目标后扫描型。目标前扫描型是激光光束首先由镜面反射，再经过透镜成像。这种类型的成像面是平焦面，因而需要相对复杂的光学系统。目标后扫描型是激光光束首先经过透镜折射，再由镜面反射成像。这种类型的成像面是弯曲焦面，光学系统相对简单。

传统的扫描成像激光雷达系统一般采用转鼓加摆镜、双摆镜或双振镜的扫描方式，由这些光学元件所构成的扫描系统体积庞大而笨重，需要耗费很多电能，由于惯性等原因无法实现高速扫描，因而不适于高速成像应用。下一代三维成像激光雷达系统的特点是分辨率高、成像速率快、价格低、对人眼安全、体积小，各方面的性能都全面超越了现有的激光雷达。

2.4 探地雷达技术简介

探地雷达，又称透视雷达（Ground Penetrating Radar，GPR），是一种采用高频电磁波（频率一般介于 1 MHz ~ 10 GHz）通过介质的电性差异实现对目标体有效探测的无损探测技术。1904 年，德国科学家 Hulsemeyer 提出了利用无线波探测地下异常结构的构思，开启了探地雷达方法的最初研究，但直到 20 世纪 50 年代这种想法才得以实现[109,110]。探地雷达技术的发展进程大致可分为三个阶段，分别为发明阶段（1900 ~ 1960 年）、发展阶段（1960 ~ 1980 年）和成熟阶段（1980 年至今）。第一阶段主要是根据麦克斯韦电磁波的理论提出利用电磁波进行地球探测的概念。由于受当时电子技术发展水平的限制，对于探地雷达的应用只做了一些验证性应用，其应用范围仅限于电磁波衰减较弱的冰川及低损耗介质的探测。第二阶段是探地雷达系统的成功研制，GPR 的应用随之扩展到月球表面介质[111,112]、土壤含水量[113]、地质勘察[114]、岩层[115]、煤层[116]等有耗介质中。这一时期开始出现了探地雷达的商用公司，例如地球物理测量系统公司，一些大学和科研机构也开始进行探地雷达理论和探测的技术方法研究，这标志着 GPR 技术的快速发展。这时期的探地雷达系统比较笨重，体积较大，缺乏专业雷达数据处理软件，其处理基本都采用地震处理的软件和方法。第三阶段伴随着微电子技术和计算机技术的快速发展，出现了更低频率、全数字化的探地雷达系统，并使三维探地雷达成为可能[117,118]。这一时期探地雷达的技术研究得到了快速的发展，出现了各种专业的数据处理软件，应用也逐渐从低损耗介质少数领域扩展到考古、地质调查、环境、无损检测和生物体探测等领域，逐渐成为遥感技术的重要分支，并受到地球物理和电子工程领域的专家的格外注重[119]。IEEE Transaction on Geoscience and Remote Sensing、Geophysics 等多数的国际期刊针对 GPR 技术的研究都设立了专栏。国际上的激光雷达会议也为 GPR 的研究设立单项专题，为更好地促进探地雷达技术的交流和发展，截至 2019 年，国际上规格最高、影响最大的 GPR 国际会议已经举办了 17 届。世界上越来越多的大学和研究机构加入 GPR 的研究，例如加利福尼亚大学[120]、堪萨斯州大学[121]、佛罗里达大学[118]、荷兰的伏尔夫特大学、意大利的联合研究中心、瑞典国防研究所等。除上述大学和研究机构进行 GPR 研究外，也出现了许多从事 GPR 系统开发和生产的商业公司，例如美国的地球物理测量系统公司、意大利无损检测公司、加拿大探测器与软件公司、瑞典玛拉公司等,标志着探地雷达技术不管在硬件方面还是软件方面都取得了飞速的发展。总体而言,虽然探地雷达取得了较大的发展,但总体的技术还不成熟,尤其是在定量研究和数据解译方面。因此,探地雷达的发展趋势还是偏重于三维成像和解译方面的研究,尤其是在有耗介质和各向异性介质等领域。

2.5 探地雷达的基本原理

探地雷达数据采集系统主要由主机控制单元、发射天线和接收天线三部分组成。探地雷达工作时,中心控制单元通过信号控制发射天线向地下发射高频脉冲的电磁波,传播过程中遇到电性差异(介电常数、导电率等)较大的目标体或介质界面时,就会发生反射和透射。反射的电磁波能量一部分被地面上的接收天线接收,通过光纤传输到主机控制单元,经重采样、整形和放大等信号处理后,由主机控制单元记录下并将时间剖面图显示出来。另一部分能量则透过界面继续向下传播,在遇到更深处的目标体或界面处发生反射。原始数据经过后期处理后,根据时间剖面图上反射波的时频特征和振幅特征来判断地下目标物深度、形态和位置等参数,实现对地下目标体或介质界面的有效探测,见图 2-10。

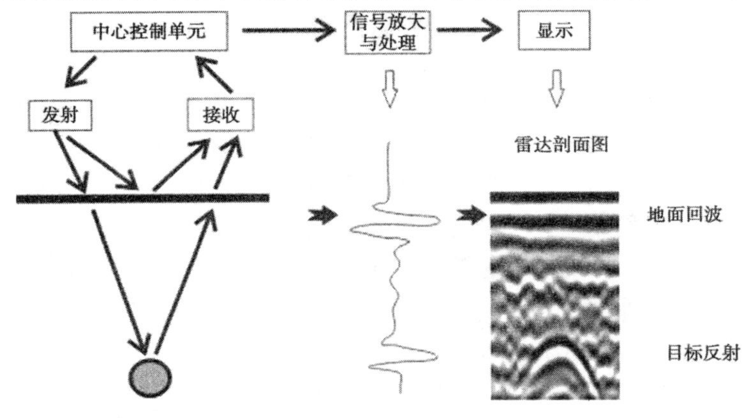

图 2-10　探地雷达工作原理示意图

探地雷达探测地下目标体的基本原理是利用电磁场的波动特征实现目标探测的,电磁波在介质中的传播满足麦克斯韦方程组。麦克斯韦方程组用数学公式可描述如下:

$$\nabla \times \overline{E} = -\frac{\partial \overline{B}}{\partial t} \tag{2-9}$$

$$\nabla \times \overline{H} = \overline{J} + \frac{\partial \overline{D}}{\partial t} \tag{2-10}$$

$$\nabla \cdot \overline{D} = q \tag{2-11}$$

$$\nabla \cdot \overline{B} = 0 \tag{2-12}$$

式中,$\overline{E}$ 为电场强度矢量,v/m;$\overline{B}$ 为磁感应强度,T;$\overline{H}$ 为磁场强度,A/m;$\overline{J}$ 为电流密度,A/m;$\overline{D}$ 为电位移矢量,C/m;q 为电荷密度,C/m;t 为时间,s。

式(2-9)称为电磁感应定律;式(2-10)称为安培电流环路定律;式(2-11)为磁通连续定律;式(2-12)为电场高斯定律。

麦克斯韦方程组描述了电场和磁场之间的相互关系，同时包含了物质的属性参数，是定量分析 GPR 探测性的理论基础[122]。为确定物质材料受外部电磁场影响，还需引进介质的本构关系，具体如下：

$$\bar{J} = \sigma \bar{E} \tag{2-13}$$

$$\bar{D} = \varepsilon \bar{E} \tag{2-14}$$

$$\bar{B} = \mu \bar{H} \tag{2-15}$$

电导率 σ 描述了介质在外加电场作用下自由电荷运动产生电流的参数；介电常数 ε 描述了介质中束缚电荷在外加电场作用下的偏移参数；磁导率 μ 描述了物质材料对外加磁场固有的原子和分子磁化属性参数。

由麦克斯韦电磁波本构方程可知，电磁波在介质中的传播能力主要取决于介质的电导率和介电常数[123]。低介电常数的媒介中，电磁波穿透能力较强；高介电常数的媒介中，由于电磁波能量发生散射和衰减，其穿透能力较弱。其基本参数如下：

电磁波双程传播时间 t 为

$$t = \frac{2\left[z^2 + \left(\frac{x}{2}\right)^2\right]^{\frac{1}{2}}}{v} \tag{2-16}$$

式中，z 为地下目标体的埋深；x 为收发天线的距离，不同频率天线其距离不同；v 为电磁波在介质中的传播速度。

电磁波在介质中的传播速度 v 为

$$v = \frac{c}{\sqrt{\varepsilon_r \mu_r}} \approx \frac{c}{\sqrt{\varepsilon_r}} \tag{2-17}$$

式中，c 为真空中的光速；ε_r 为介质相对介电常数；μ_r 为介质相对磁导率（一般取 $\mu_r = 1$）。

电磁波探测深度 D 为

$$D = \frac{vt}{2} \tag{2-18}$$

电磁波的反射系数 P_r

$$P_r = \frac{v_1 - v_2}{v_1 + v_2} \quad 或 \quad P_r = \frac{\sqrt{\varepsilon_2} - \sqrt{\varepsilon_1}}{\sqrt{\varepsilon_2} + \sqrt{\varepsilon_1}} \tag{2-19}$$

式中，v_1、v_2 为电磁波在介质面上层和下层介质中的传播速度；ε_1 和 ε_2 分别为界面上下层的相对介电常数。

自然界中空气相对介电常数较小，$\varepsilon = 1$；水的相对介电常数较大，$\varepsilon = 81$；其他介质的相对介电常数基本介于这两者之间[124]。自然界常见介质的相对介电常数和电磁波的传播速度如表 2-1 所示，这些参数是某一种介质在一定条件下获得的，只能作为一个参考值。同一种介质在不同的自然条件下，其介电常数差别很大，如要获取较精确的参数值，需要对介质进行测定。

表 2-1 常见介质的相对介电常数及电磁波传播速度

介质	相对介电常数	电磁波速度(m/ns)	介质	相对介电常数	电磁波速度(m/ns)
空气	1	0.3	灰岩	4~8	0.12
蒸馏水	80	0.033	页岩	5~15	0.09
淡水	80	0.033	石英	5~30	0.07
海水	80	0.1	黏土	5~40	0.06
干砂	3~5	0.15	花岗岩	4~6	0.13
饱和砂	23~30	0.06	冰	3~4	0.16

(1)探测深度。

探测深度即探地雷达电磁波所能探测到地下目标体最远的距离。探地雷达探测深度的能力主要由探地雷达系统发射信号的能量和地下介质的特性(主要是电阻率和介电常数)确定。在探地雷达实际探测应用中,由于地下介质分布的不均匀性,会遇到许多不可控制的因素,如含水量的变化、地下介质电导率的变化等。因此,探地雷达探测深度无法进行严格意义上的界定,一般都是通过试验数据分析得到的,见表 2-2。

表 2-2 不同频率天线探测深度及用途

天线频率(MHz)	探测深度(m)	用途
10	40~50	地质调查、勘探
25	20~40	地质调查、勘探
50	10~20	地质、考古、河流、湖泊
100	10~15	浅层地质、考古、土壤、河流
200~250	5~10	管线探测、浅层工程
350~500	0.5~5	管线探测、考古、空洞、路面
800	0~1	混凝土、空洞、路面、桥梁等
1 600	0~0.5	路面厚度、混凝土

(2)横向分辨率。

探地雷达的横向分辨率是指水平方向上识别目标体的能力,通常可用菲涅尔带来说明。根据波的干涉原理,法线反射波与第一菲涅尔带外线的反射波的光程差 $\frac{\lambda}{2}$ 时(双程光路),反射波之间发生相干性干涉,振幅增强,第一带诸带波彼此消长,对反射的贡献不大,可以不予考虑,见图 2-11。在反射天线和接收天线之间距离远远小于地下异常结构埋深 h 条件时,综合考虑探地雷达的波长 λ 与异常体埋深 h 的影响,由瑞利准则第一菲涅尔半径可由式(2-20)计算出来。

$$d' = \frac{1}{2}aa' = \sqrt{\frac{1}{2}\lambda h + \frac{\lambda^2}{16}} \approx \sqrt{\frac{1}{2}\lambda h} \tag{2-20}$$

式中,λ 为探地雷达的波长;h 为地下目标体的深度。

由式(2-20)可知,探地雷达横向分辨率与波长和深度有关。采用探地雷达对同一深度的目标体进行探测时,电磁波的波长越小,探测的效果越好。在实际探测中,频率较高

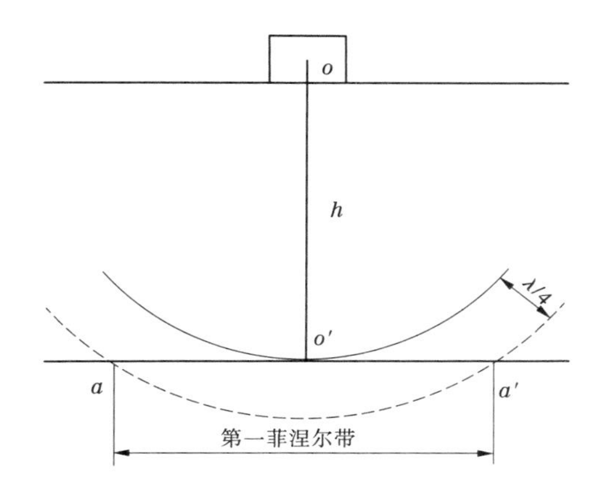

图 2-11　第一菲涅尔带示意图

的天线具有较高的横向分辨率。

(3)纵向分辨率。

探地雷达纵向分辨率指的是在竖直方向分辨最小目标体的尺寸,主要取决于接收天线区分竖直方向上两个目标回波的能力。如果反射回来的两个目标脉冲的位置相近或者相同,造成两个脉冲部分重叠或者全部重叠,这样探地雷达天线就无法将地下两个目标体区分开来。一般来说,两个连续脉冲的可分辨原则是其之间的时延大于半时宽的一半。这时距离向分辨率可表示为

$$p_{\mathrm{r}} = \frac{wv}{4} \tag{2-21}$$

式中,w 为脉冲半时宽,即一个脉冲的振幅为最高振幅一半时对应的时间宽度;v 为电磁波的传播速度,结合式(2-17)和式(2-22),式(2-21)可表示为

$$w = \frac{1}{f_{\mathrm{c}}} \tag{2-22}$$

$$p_{\mathrm{r}} = \frac{\lambda_{\mathrm{c}}}{4} \tag{2-23}$$

因此,在实际应用中,探地雷达的纵向分辨率可认为电磁波波长的 1/4,常见天线纵向分辨率见表 2-3。

表 2-3　不同频率天线的纵向分辨率

中心频率(MHz)	纵向分辨率(m)
10	2
25	1.0
50	0.5
100	0.25
250	0.125
500	0.05
800	0.03
1 000	0.025

第3章　数据采集与预处理技术

3.1　三维激光扫描仪数据采集与预处理方法

3.1.1　数据采集方法

利用三维激光测量技术进行测量的过程中，数据采集是一个重要的环节，直接关系到后期三维建模的效果和定量分析的精度。因此，数据采集过程中应尽量减少人为误差的引入，以防止冗余数据的产生。本书利用三维激光扫描仪对断层的微地貌形态进行测量时，扫描区域的环境一般比较复杂，需根据实际情况适当选择扫描站点和扫描参数，其数据采集的一般流程如下：

(1)工作路径的选取。野外地质环境复杂，地面三维激光扫描仪无法通过一站式扫描获取所有的扫描区域[125]。需在数据采集之前对现场进行勘察，然后根据扫描区域范围、规模和地形条件选择最佳的扫描路径和布设扫描站点。一方面，确保地面激光每站扫描过程中尽量减少外界环境因素的干扰；另一方面，尽量规划好工作路径，精简站点的布设次数，以减少多站数据拼接带来的误差累计。

(2)扫描站点的选取。最佳工作路径确定后，根据扫描的区域选取每一个扫描站点的最佳位置，一般必须遵循以下原则：一是为了保证不同扫描站点的数据拼接及整体数据的精度，必须保证相邻两站之间有15%的重叠度。二是布设站点的位置选择，要保证从各个角度都能最大限度地获取区域的空间数据，同时兼顾所用的点云标靶等在激光的有效扫描范围内。三是充分考虑扫描区域的范围及激光扫描仪的有效工作距离，在保证扫描精度的条件下，尽量用最少的扫描站数获取整个扫描区域的数据。

(3)站与站标靶放置。为实现多站数据的拼接，必须解决站与站之间坐标系的统一问题。最普遍的方法是利用具有反光标识的靶球作为两站的公共控制点来实现站与站之间数据的拼接，见图3-1。利用标靶实现两站数据的拼接原理，主要是通过标靶解算出两站间点云的旋转参数、平移参数及缩放参数等七参数法。为了保证站与站之间点云拼接的精度和降低配准系统误差，标靶的数目不能少于3个且遵循以下原则：

①靶球处于两站的扫描重叠覆盖区域，且与两站扫描仪中心保持适当的距离。

②靶球之间不能相互遮挡，分布要均匀合理，最好呈等边三角形分布且存在高度差。

(4)扫描参数设置。根据研究需要和扫描区地质条件合理设置扫描距离、扫描精度及是否开启内置相机，以在最短时间内快速完成扫描，提高工作效率。对于大场景的扫描，通常选择水平方向360°和最大垂直方向扫描，尽可能获取场景内的所有数据。对于小范围内丰富场景可以进行重点扫描，首先利用激光扫描仪快速获取整个扫描区的点云，然后通过取景框设置扫描的区域，再进行精细扫描。

图 3-1　美国法如公司的球形标靶

(5)点云绝对地理坐标实现。激光获取的点云是基于仪器的局部坐标系,在实际的应用中,要将点云转换为大地坐标系或者地区的局部坐标系。一般是通过传统的测绘仪器配合观测或者已知的控制点进行结算,在点云拼接后可通过已知坐标的公共点来实现整个点云数据的坐标系统转换。在工程实践中,利用高精度 GPS 静态观测得到公共点的大地坐标,进而实现整个点云的坐标转换,在数据采集中,控制点一般选择标靶的位置。

激光扫描仪的测量精度与扫描距离有关,测量精度随着扫描距离的增加而逐渐降低。本书选用 FARO Laser Scanner Focus3DS 型激光扫描仪,是基于相位测量原理进行数据采集,最远的扫描距离可以达到 100 m,扫描精度可达到毫米级,其距离和精度方面比较适中,技术指标见表 3-1。此型号的激光扫描仪体积较小,质量较轻,适合高原地区作业。在激光动态扫描测量的同时,利用内置高精度的相机采集扫描区域的影像数据,为后期数据处理及三维点云建模提供表面材质、纹理等信息。

表 3-1　FARO Laser Scanner Focus3DS 型激光扫描仪技术参数

项目	参数
扫描距离	0.6 ~ 120 m 室内或室外
测量速度	122 000/244 000/488 000/976 000 个点/s
测量误差	10 m 和 25 m 时为 ±2 mm
垂直视野	300°
水平视野	360°
内置相机分辨率	最高 7 000 万像素色彩
双轴补偿器	精度 0.015°;范围 ±5°
高度传感器	电子气压计为每次扫描添加相对于某一参考点的高差信息
指南针	提供方位信息,包括校准功能
扫描仪控制	触摸屏和 Wi-Fi
数据存储	SD 卡
环境温度	5 ~ 40 ℃
质量	5.0 kg

3.1.2 点云数据预处理

在野外数据采集过程中，为保证数据的有效性和可用性，一般需要在采集现场对数据进行预处理。主要包括点云配准、彩色点云生成和点云坐标系纠正，其主要流程见图 3-2。

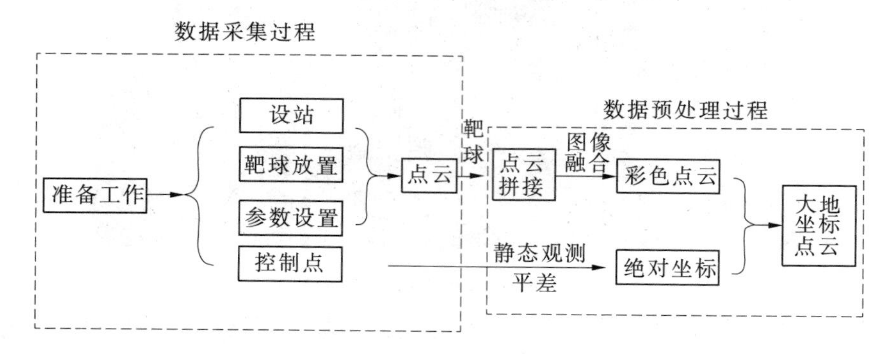

图 3-2 FARO Laser Scanner Focus3DS 型激光扫描仪获取点云示意图

3.1.2.1 点云配准

在地面激光数据采集的过程中，由于受地形和视角的影响，单站式扫描无法获取扫描区域完整的空间数据信息，必须采用多测站的方法才能获取全方位的三维空间数据。为将多站点云转换在同一坐标系下显示，需对不同测站获取的点云数据进行拼站，即点云配准。数据配准是点云预处理的一项极其重要的步骤，配准的精度直接关系后期数据三维建模的精度。点云配准的过程可以通过数学上的映射关系进行描述，如图 3-3 所示。

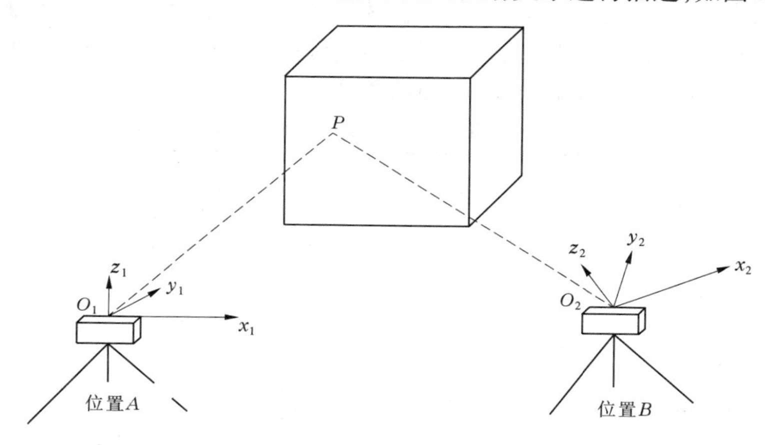

图 3-3 不同测站对同一目标的扫描示意图

A、B 分别为地面激光扫描仪的两个测站，P 点为目标体上的点，点 $P_A(X,Y,Z)$ 和 $P_B(x,y,z)$ 分别为激光扫描仪在 A、B 两站点坐标系下的坐标。点云配准的过程，实质是通过一系列矩阵旋转和平移，使两个不同坐标原点、不同坐标轴方向的坐标系统移到同一个坐标系下，即

$$
\begin{pmatrix} X \\ Y \\ Z \end{pmatrix} = \mu R(\alpha,\beta,\gamma)\begin{pmatrix} x \\ y \\ z \end{pmatrix} + T\begin{pmatrix} x_0 \\ y_0 \\ z_0 \end{pmatrix} \tag{3-1}
$$

式中,旋转矩阵定义如下:

$$
R(\alpha,\beta,\gamma) = \begin{bmatrix} r_{11} & r_{12} & r_{13} \\ r_{21} & r_{22} & r_{23} \\ r_{31} & r_{32} & r_{33} \end{bmatrix} = \begin{bmatrix} 1 & 0 & 0 \\ 0 & \cos\alpha & -\sin\alpha \\ 0 & \sin\alpha & \cos\alpha \end{bmatrix} \cdot \begin{bmatrix} \cos\beta & 0 & \sin\beta \\ 0 & 1 & 0 \\ -\sin\beta & 0 & \cos\beta \end{bmatrix} \begin{bmatrix} \cos\gamma & -\sin\gamma & 0 \\ \sin\gamma & \cos\gamma & 0 \\ 0 & 0 & 1 \end{bmatrix} \tag{3-2}
$$

即

$$
R(\alpha,\beta,\gamma) = \begin{bmatrix} \cos\beta\cos\gamma & \cos\beta\sin\gamma & -\sin\beta \\ -\cos\alpha\sin\gamma + \sin\alpha\sin\beta\cos\gamma & \cos\alpha\cos\gamma + \sin\alpha\sin\beta\sin\gamma & \sin\alpha\cos\beta \\ \sin\alpha\sin\gamma + \cos\alpha\sin\beta\cos\gamma & -\sin\alpha\cos\gamma + \cos\alpha\sin\beta\sin\gamma & \cos\alpha\cos\beta \end{bmatrix} \tag{3-3}
$$

式中,R 为旋转矩阵,坐标轴的旋转次序不同,其旋转矩阵的形式也不相同;T 为平移矩阵;α,β,γ 为三个方向的旋转角度;x_0 ,y_0 ,z_0 分别为在三维坐标系方向上的平移量,这就是点云配准的基本公式。

根据以上公式,要实现两站点云之间的配准,关键在于七个转换参数的求取($x_0,y_0,z_0,\mu,\alpha,\beta,\gamma$),而要计算出这七个参数,必须选取三对以上同名点。

要将整体点云转换到大地坐标或者地区局部坐标系下,首先将点云转换到所在的坐标系下,然后通过传统的测量手段获取标靶点的大地坐标,进而实现点云精确的地理位置的转换。

3.1.2.2 彩色点云生成

单纯的激光扫描仪采集的点云是没有色彩信息的,只含有三维地理坐标和反射强度信息。为了还原真实的采集场景,表达断层微地貌更精细的细节信息,数据采集的同时需获取不同角度的影像。地面激光扫描仪在单站数据采集过程中,同时会获取多幅影像,这些影像之间往往保持一定的重叠度。数据扫描完成后,可以通过照片相邻的重叠度拼接成一幅平面全景影像,见图 3-4。这样,平面全景影像上的像素点与激光点云就可通过共线方程实现数据之间的配准。

$$
\left.\begin{aligned} x - x_0 &= -f\frac{a_1(X-X_S)+b_1(Y-Y_S)+c_1(Z-Z_S)}{a_3(X-X_S)+b_3(Y-Y_S)+c_3(Z-Z_S)} \\ y - y_0 &= -f\frac{a_2(X-X_S)+b_2(Y-Y_S)+c_1(Z-Z_S)}{a_3(X-X_S)+b_3(Y-Y_S)+c_3(Z-Z_S)} \end{aligned}\right\} \tag{3-4}
$$

式中,(x,y)为像点的像平面坐标;x_0、y_0、f 为影像的内方位元素;X_S、Y_S、Z_S 为摄站点的物方空间坐标;(X,Y,Z)为物方点的物方空间坐标;a_i 、b_i 、c_i($i=1,2,3$)为影像的 3 个外方位角元素组成的 9 个方位余弦。

图 3-4　断层陡坎全景图像与彩色点云

3.2　探地雷达数据采集与预处理方法

3.2.1　数据采集方法

针对野外探测工作中不同的勘探目标及地质环境,数据采集中需选择合适的数据采集方式和参数,以保证记录数据的质量。根据数据采集方式和数据采集过程中收发天线间距是否发生变化,现有的探地雷达系统可分为收发共置天线对的反射测量法、宽角反射测量法和透射测量法 3 类。针对不同的研究对象,选择不同测量方式的雷达天线进行数据采集。

3.2.1.1　收发共置天线对的反射测量法

在数据采集时,发射天线和接收天线以固定的间隔沿测线同步移动的测量方式,称为收发共置天线对的测量方式,见图 3-5。收发天线同步移动过程中,收发天线固定于一点时,获取单个雷达道记录;当收发天线同步移动时,就获取由多道雷达道数据组成的二维时间剖面。在探地雷达的二维时间剖面上,横坐标表示收发天线沿测线方向移动的水平距离;纵坐标表示电磁波到达地下目标体并反射回来的时间。

3.2.1.2　宽角反射测量法

这种测量方法也称共中心点测量,主要是通过改变发射天线和接收天线之间的间距

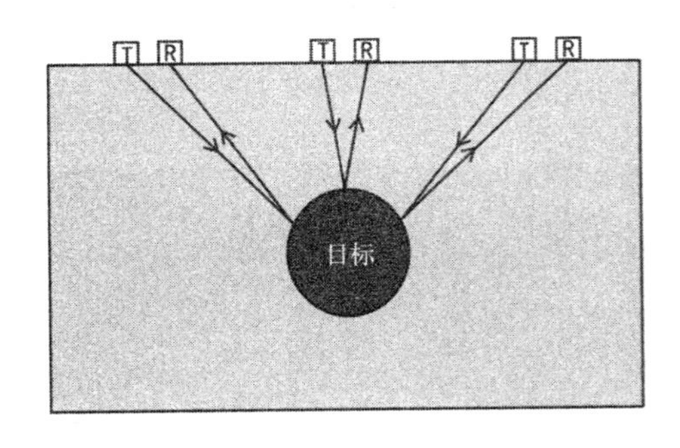

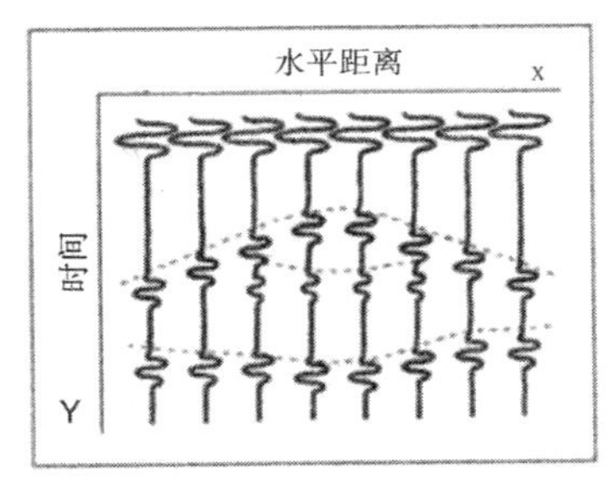

图 3-5　收发共置天线对的反射测量原理及雷达图像

来记录雷达波传播速度与深度之间的变化关系，主要用于电磁波在介质中的平均传播速度的求取[127,128]。其中，当反射或者接收天线一个固定不动，一个移动时称为共深度点测量(common depth point, CDP)，如图 3-6(a)、(b)所示。当收发天线相对于中心点位置以同等的间隔对称移动，并在移动过程中记录不同偏移的雷达图像，称为共中心点法(common mind point, CMP)，见图 3-6(c))。

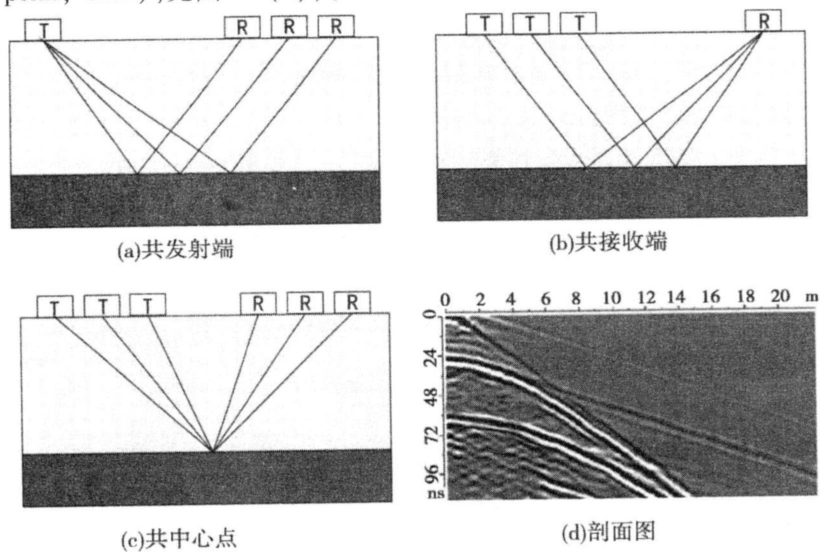

图 3-6　宽角反射测量的收发及剖面示意图

3.2.1.3　透射测量法

与反射测量相比，透射测量应用领域较少，透射测量的雷达称为钻孔雷达。其主要原理是通过在两个钻孔中分别移动发射和接收天线来进行测量，见图 3-7。由于钻孔探测一般都是在狭长的钻孔中移动天线，所以一般不考虑天线取向的问题，但也要考虑工作频率、空间采样间隔、时窗、时间采样间隔和钻孔间距等参数。

探地雷达反射测量通常采用直线测线扫描的方式获取沿测线方向的二维时间剖面，为重建地下浅层的三维图像，需将扫描区划分为等间距的测线，然后进行等间距扫描，如图 3-8 所示。探地雷达数据采集模式主要有测距轮触发、时间触发、点测触发三种触发方式。与时间触发和点测触发方式相比，采用高精度测距轮触发探地雷达主机的控制单元可采集连续

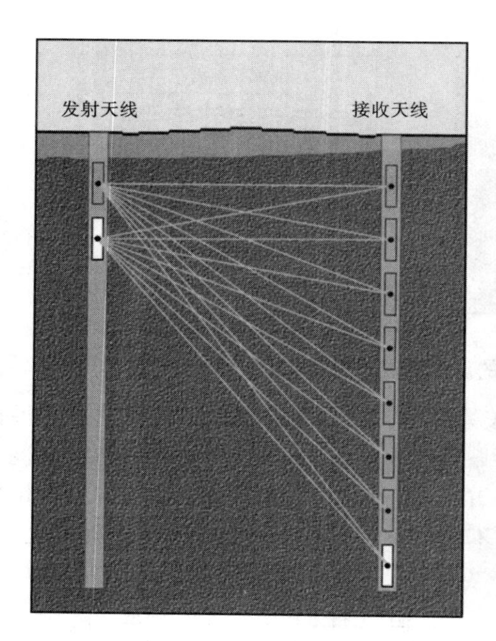

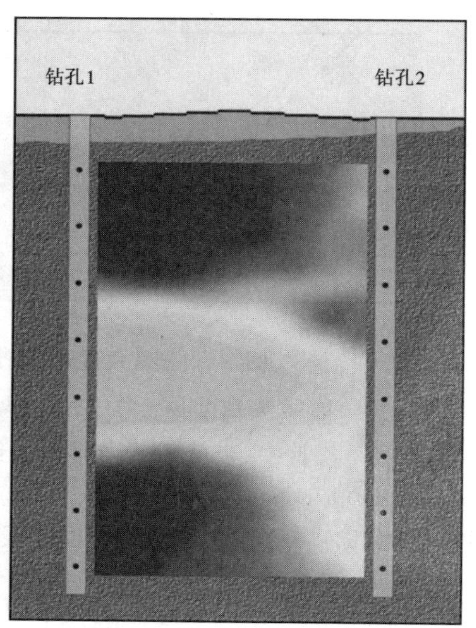

图 3-7　透射测量的方式及成像剖面示意图

的二维时间剖面，是探地雷达系统优先选择的数据采集方式。此外，探地雷达采集数据时，还需根据现场的实际情况选择天线频率、采样间隔、记录视窗、采样率、数据叠加次数等。

图 3-8　探地雷达测线的布置

电磁波的探测深度与天线的中心频率和介质的介电常数有关。当地下媒介相同时，较高中心频率的天线具有较高的分辨率，但电磁波能量衰减较快，其探测深度较浅，而较低中心频率的天线发射的电磁波能量较大、波长较长，虽然其分辨率相对降低，但探测深度较深[129]。因此，为保证数据质量，数据采集前需考虑采集环境及探测目标的影响，选择合适中心频率的探地雷达天线。断层附近由于受地壳活动影响，地质结构往往比较复杂；加之自然风化、沉积或者人类生产与生活活动的影响，特别是在一些地貌标识不明显区域，利用探地雷达确定断层的位置、走向或者探槽最佳位置时往往存在一定的难度。

采用探地雷达探测断层地下浅层结构时，可采用高中心频率和低中心频率天线相结合的方式进行探测，这样充分发挥了低中心频率和高中心频率天线的优势，即实现对浅表层地下结构的高分辨率成像，又可获取断层深部的结构，采集方法的流程见图 3-9。①采用低中心频率的探地雷达天线沿测线分别采集断层附近大范围、深度较深的二维剖面，根据电磁波振幅和频率变化初步识别出浅层异常区域；②采用高中心频率的探地雷达天线沿测线进行重复探测，以获取高分辨率的地下浅层二维图像；③结合不同中心频率天线的现场解译效果，识别活断层地下结构比较明显区域；④采用高中心频率的探地雷达天线获取多道平行的二维剖面，实现该区域浅层结构的三维重建。

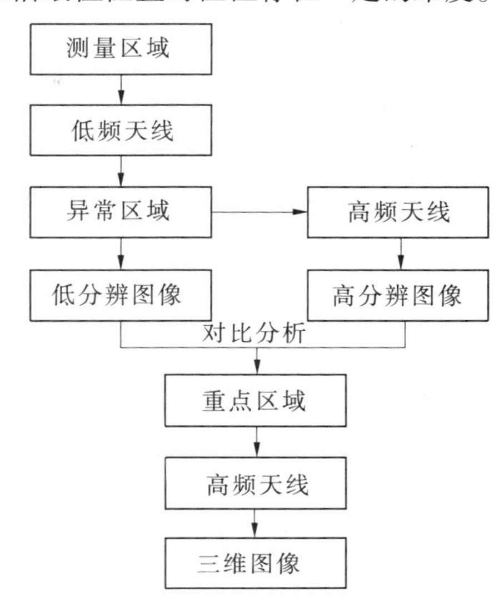

图 3-9　探地雷达数据采集方法

选择中心频率为 250 MHz 和 500 MHz 的探地雷达天线采用上述采集方式对断层附近区域进行探测，两种频率天线的基本参数见表 3-2。图 3-10(a)为测线长为 70 m、深为 10 m 的 250 MHz 的 GPR 二维剖面，图像上水平距离 0～40 m 和 52～72 m 两区域内存在明显的电磁波异常，其电磁波反射波的强度较大。根据电磁波反射波强度的分布可判断出异常区 1 的几何形态，初步判断为沉积状区，由于受天线分辨率的影响，无法确定出异常区 2 的几何形态。图 3-10(b)和图 3-10(c)分别为 500 MHz 的探地雷达图像，从图像上可以清晰分辨出异常区域的宽度约为 40 m，区域内电磁波反射强度较大，波形较杂乱，这与 250 MHz 探地雷达图像上的解译结果一致。水平距离52～72 m 的电磁波异常区域宽度为 20 m、深 2 m，依据电磁波反射强度的几何形态呈楔状分布的特征，初步判断为断层经过区域，强度较强且呈倾斜状的反射波同相轴则代表断层面倾向。

表 3-2　探地雷达不同频率天线采集参数

项目	不同频率天线的采集参数	
	500 MHz	250 MHz
收发天线距离	0.18 m	0.31 m
道间距	0.05 m	0.1 m
采样点数	488	470
采样频率	6 633 MHz	2 341 MHz
叠加次数	8	8
时间窗口	80 ns	200 ns
探测深度	3～4 m	7～10 m
垂直分辨率	约 0.05 m	约 0.1 m

3.2.2　数据处理方法

探地雷达数据采集过程中产生的信号振铃、多次散射波和电磁波绕射等噪声可能将电磁波中的有用信息湮没，以致影响其识别与提取。为提高探地雷达图像的信噪比，数据解译前需对雷达图像进行处理。数据处理（见图3-11）主要包括两部分：第一部分是数据编辑，主要包括数据合并、剔除废道等；第二部分主要包括各种滤波算法、偏移、波速分析、自动增益等。

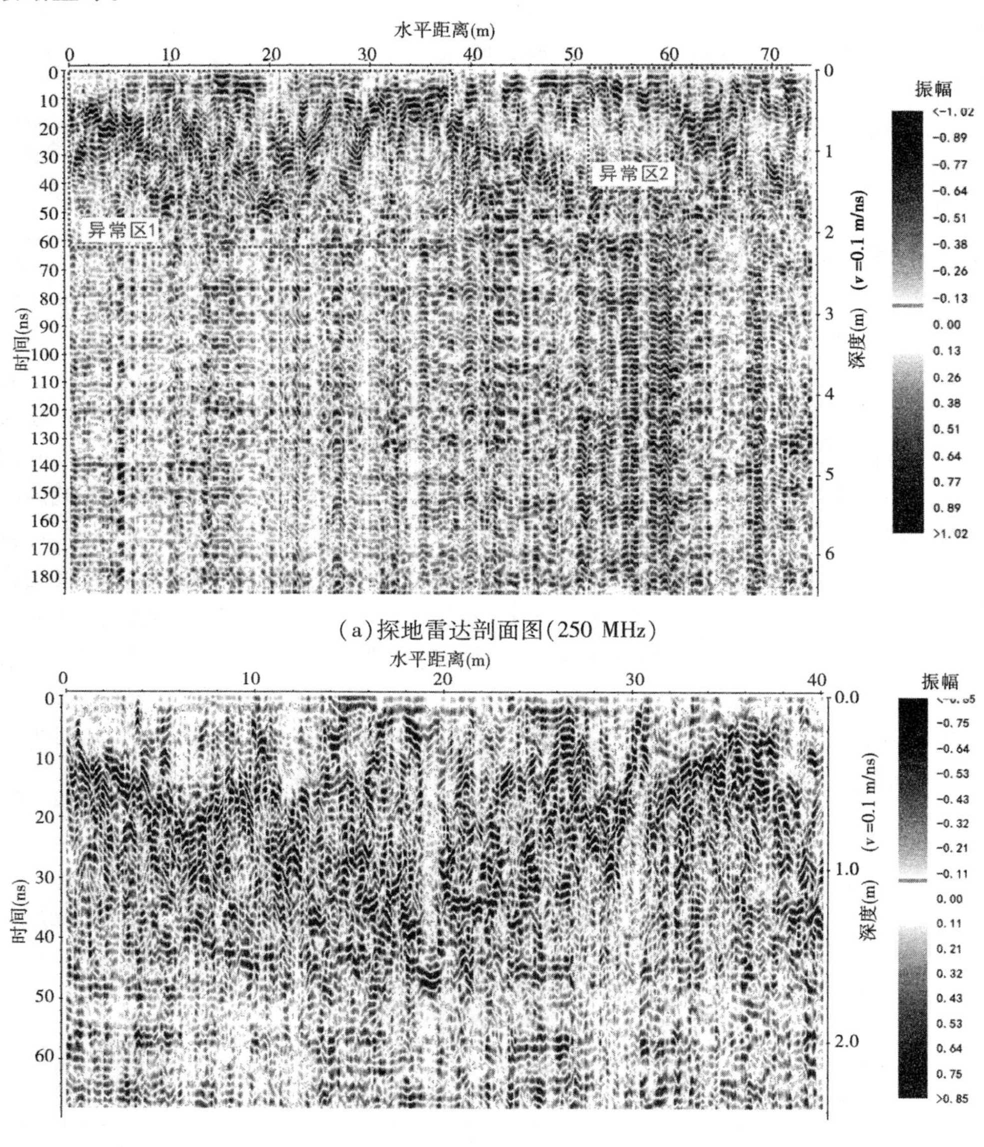

(a)探地雷达剖面图(250 MHz)

(b)500 MHz 的探地雷达剖面图(异常区 1)

图3-10　不同频率的探地雷达图像

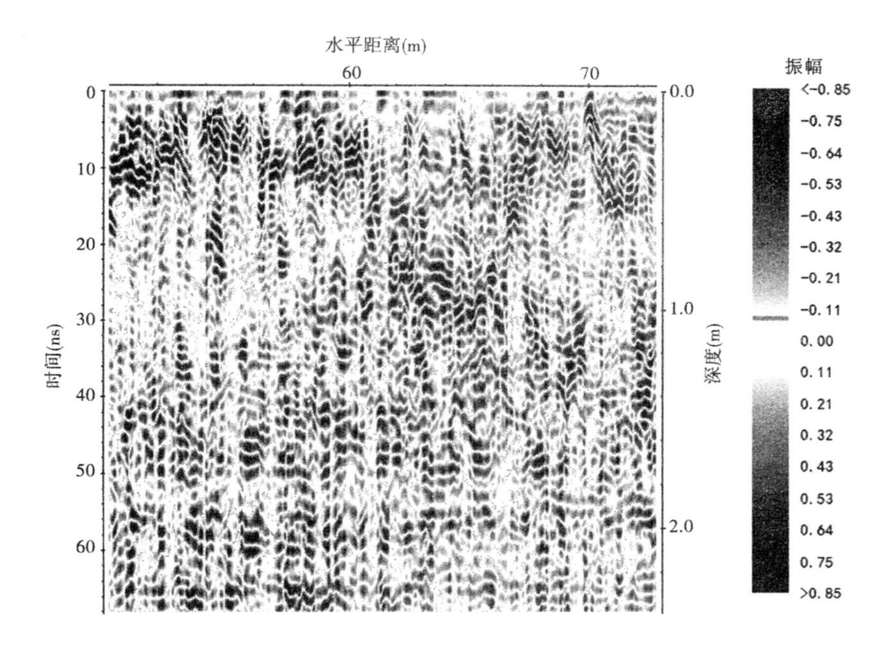

(c)500 MHz 的探地雷达剖面图(异常区 2)

续图 3-10

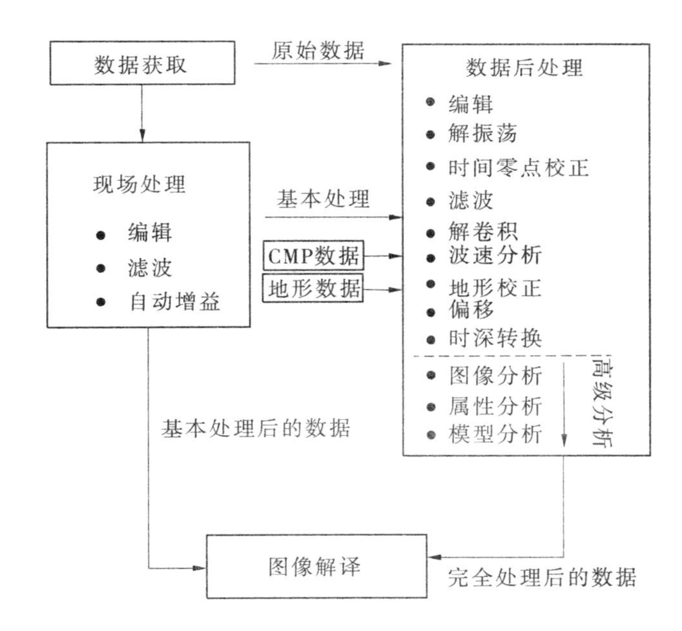

图 3-11　探地雷达数据处理过程

本书以 Reflexw 商用软件为例,探地雷达图像处理的一般流程如图 3-12 所示。①原始数据。②数据编辑。包括数据合并、废道剔除及测线方向一致化。③解振荡滤波。消除信号中的直流成分或直流偏移及随后产生的延迟振荡,或者是低频信号拖尾。④去地面波。雷达图像时深转换之前,需将电磁波到达地面的双程时间差去除,以提高目标体或地下介质层的定位精度。⑤自动增益。电磁波在传播过程中由于信号衰减和几何传播衰减的影响,后时信号的幅度通常较小。为增强后时信号的可视效果,需要做时间自动增益处理。⑥背景滤波。去除背景噪声和水平信号,抑制天线振铃信号。⑦带通滤波。选择巴特沃斯带通滤波器(butterworth band pass filter),低通截止频率和高通截止频率分别选择 130 MHz 和 750 MHz 对雷达图像进行滤波处理,以去除环境或者系统噪声。⑧图像平滑。主要是压制信号的散射,去除图像上的噪声点。⑨地形校正。选择探地雷达测线上最高点或最低点所在平面为基准参考面,根据时间移位原理计算各道数据到基准参考面的时间差,从而实现探地雷达图像的地形校正。

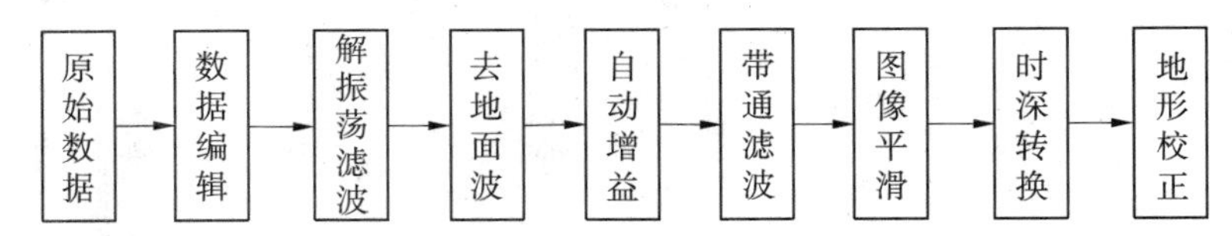

图 3-12　探地雷达数据处理流程

具体的处理步骤如下:

(1)去直流漂移(subtract DC shift)(解振荡滤波)

去直流漂移主要目的是消除由探地雷达信号中直流信号造成的偏移或者延迟震荡,参数主要根据探地雷达数据的时间窗口进行设置,一般选择总窗口时间的 2/3 处,然后对所有道数据进行去零点漂移,见图 3-13。

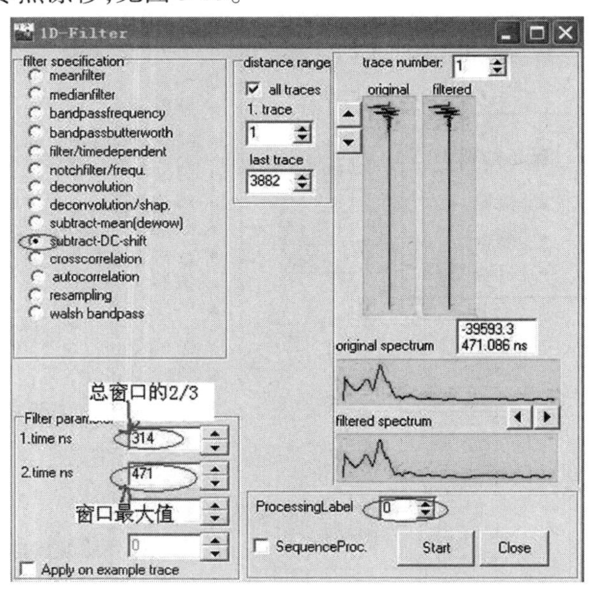

图 3-13　去直流漂移

(2)时间零点校正(move start time)(去地面波)

时间零点校正主要目的是消除电磁波在收发天线之间传播的直达波,重新定义电磁波的时间零点。在数据处理的过程中,一般选择波形上第一个波峰处作为电磁波的直达波传播时间,见图 3-14。

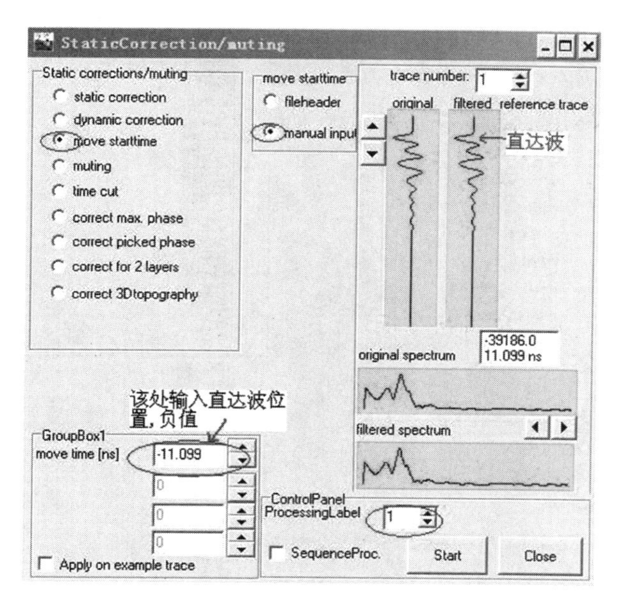

图 3-14　时间零点校正

(3)自动增益处理(Energy decay)。

自动增益处理主要目的是克服电磁波能量衰减影响,对深部信号进行放大处理。处理过程中,放大倍数一般选择为0.5~1,见图3-15。

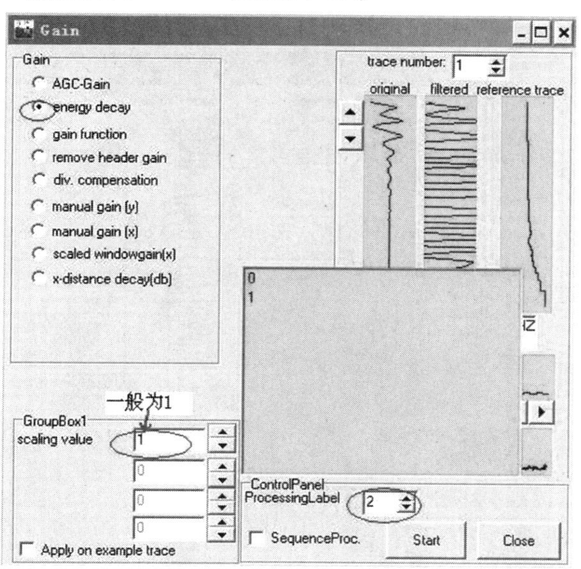

图 3-15　自动增益处理

(4)背景滤波(subtracting average)。

通过从每道数据中减去二维剖面中所有道数据的平均值的方法去除背景噪声和水平信号,尤其是天线的振铃信号,见图3-16。

(5)带通滤波(butterworth band pass filter)。

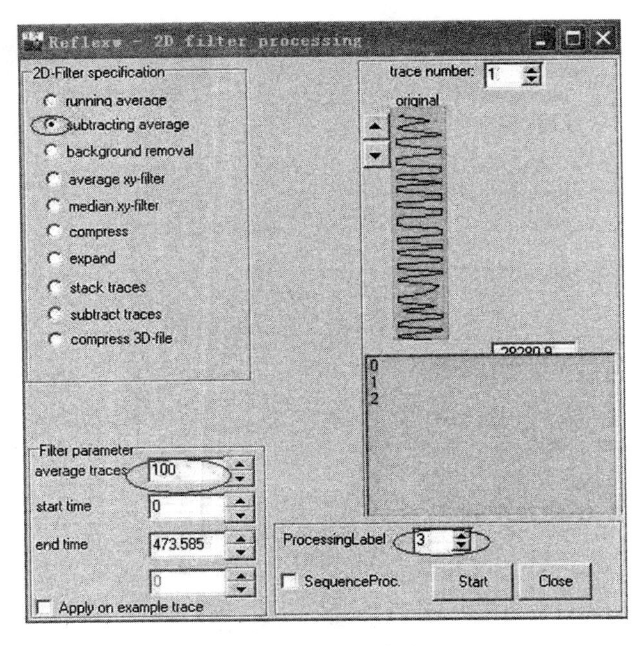

图 3-16　**背景滤波**

选择巴特沃斯带通滤波器(butterworth band pass filter),例如 500 MHz 天线的低通截止频率和高通截止频率分别选择 130 MHz 和 750 MHz、250 MHz 天线的低通截止频率和高通截止频率分别选择 80 MHz 和 350 MHz,以消除干扰波的影响,见图 3-17。

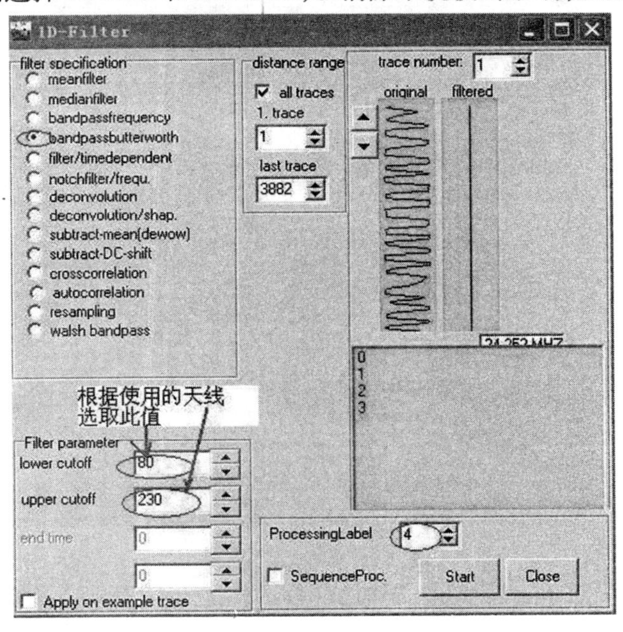

图 3-17　**带通滤波**

(6)图像平滑(running average)。

通过去除探地雷达数据在某一特定时窗的中值,能起到较好压制图像信号尖峰,平滑图像的效果,见图 3-18。

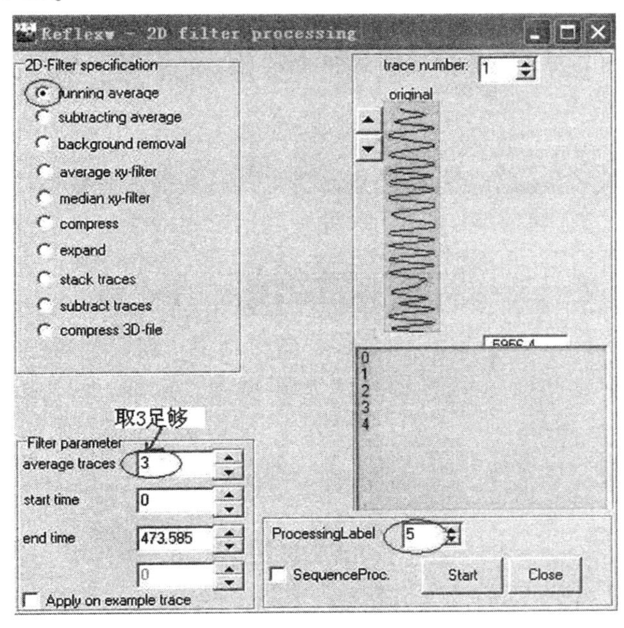

图 3-18　图像平滑

(7)地形校正(topography correction)。

地形校正主要目的是消除地形因素对探地雷达图像的影响,使采集到的探地雷达图像与真实地形变化相一致,将断裂地下真实的几何构造表现出来,实现探地雷达图像地形校正的方法很多,本书在 GPS 获取测线地形数据的基础上,利用时间同步移位原理实现探地雷达图像的地形校正。

第4章　断层微地貌形态识别与定量分析

地面激光扫描仪采集的数据是离散点云，一方面，地面激光扫描仪的采集数据频率和密度较大，占用较大的存储空间，其调用和处理的速度比较慢；另一方面，点云是以离散点的形式呈现，无法直接读取和提取点云中的矢量信息和微地貌地表变形的特征信息。因此，预处理后的点云还不能直接用来进行断层微地貌形态的提取和定量分析，还需进行进一步的数据处理，如滤波、重采样等，构建数字高程模型。在数字高程模型的基础上，通过坡度图和等高线图识别断层微地貌形态，然后提取地形剖面，选择最小二乘法拟合参考线，精确计算出垂直位错量，进一步限定滑动速率的取值范围，为断层微地貌垂直位错量的精确计算及构造地貌定量化的研究提供了可靠的技术手段。

4.1　点云的特点

4.1.1　点云组织形式

与摄影测量和遥感技术的数据采集方式不同，地面激光扫描仪获取的是一系列空间采样点构成的海量三维空间数据点的集合。随着激光雷达技术的不断发展，大多数的激光扫描仪采用非接触式高速激光测量方式，可瞬间获取成千上万个点的三维坐标。根据测量传感器的不同，点云的空间排列方式也不相同，主要分为阵列点云、线扫描点云、面扫描点云和完全散乱点云。目前，地面激光扫描仪基本上都是按照线扫描的方式采集，数据严格按照矩阵形式逐行逐列进行储存，且具有一定的结构关系。扫描的行列值则是由扫描精度确定的，是固定的。被测目标物的三维点云在投影平面上以二维矩阵的形式显示，并且保留原来的先后顺序。每个矩阵单元的值和实际被扫物体表面采样点的三维坐标相对应，像素值代表物体表面到激光束中心的距离。因此，点云图像的数据组织方式和二维图像的组织方式一样，称为距离图像或深度图像，如图4-1所示[130]。

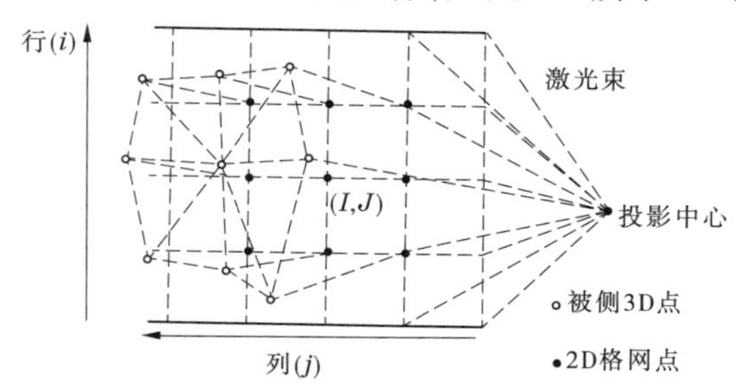

图4-1　点云投影图

4.1.2 采集数据的特点

点云(point cloud)是一个包含空间位置和属性值的点集合,其主要包括目标体到物体表面的距离、角度和反射强度。经数据处理后最终获取的是空间目标体的三维空间坐标(X,Y,Z)、反射强度(intensity)和丰富的影像信息,这些数据是以一定的组织结构储存在特定的文件中,通用格式是las。点云的特点是:

(1)数据量大。激光扫描仪单站的扫描数据可能包含几万到几百万个扫描点,数据量较大。

(2)密度高。点云采样间隔与精度设置有关,精度越高,采样间隔越小,点云的密度也越高。目前,激光扫描仪的扫描速度很高,采样间隔可以达到毫米级甚至亚毫米级,因此能够得到500 000密度/秒,甚至密度更高的点云。

(3)立体化。点云是对真实场景的"复制",直接获取的是目标体表面的三维空间坐标,将空间内的物体表面几何形态直观、形象地反映出来。通过点云可以实现目标体三维坐标、点与点距离的直接量测。

(4)光谱性。激光扫描仪获取物体表面空间位置,同时也获得了目标物反射信号的强度信息。通过内置或外置的高分辨率的相机获取的目标物表面的真彩色纹理信息,经过后期融合为真彩色三维激光点云。

4.2 点云数据处理

4.2.1 点云滤波

由于设备系统内部因素和外界环境的影响,地面激光扫描仪在数据采集过程中不可避免地会产生一些噪声点,其主要来源以下三方面[131,132]:一是激光扫描仪内部系统误差,如扫描过程中的振动、激光散斑等因素;二是被测物体表面因素产生的误差,由于被测物体表面材质的影响,激光束在物体表面发生较强的镜面反射,引起测量误差;三是外界环境引起的偶然误差,主要是采集过程中由于车辆、行人、建筑物和树木等因素对扫描目标的遮挡而形成散乱的点云或空洞。其中,由外界环境因素引起的误差占主导地位。利用地面激光扫描仪扫描断层微地貌形态时,点云的噪声点主要来自地面植被等外界因素的干扰,这些噪声点使点云中包含粗差,三维模型构建过程中会导致曲面的重构、空洞等,增加了模型的构建难度,降低了模型的重构精度。因此,在三维建模前,必须对点云进行去噪平滑处理。采用点云滤波算法进行滤波时,要充分考虑数据的分布特征,根据不同分布特征选择合适的滤波方法。点云滤波方法主要分为两类,针对有序规律分布且存在一定的拓扑关系的点云,可采用数字图像处理中的平滑滤波方法,如高斯滤波、中值滤波和平均滤波。针对散乱的点云,由于数据点之间没有一定的拓扑关系,目前还没有一种快速、有效的滤波方法,常见方法有双边滤波算法、拉普拉斯滤波、平均曲率流和鲁棒滤波算法等[133,134]。

查阅相关文献,结合项目经验总结出断层微地貌点云的滤波流程如图4-2所示。首先，针对明显的噪声点，软件中采用手动方法直接删除；其次，通过不断设定距离阀值多次迭代滤波，主要针对的是偏离地面较高的植被、人、电线杆等噪声点；最后，对离地面较低的植被或者石头等噪声点，选择最大局部坡度滤波法（maximum local slope filter）对点云进行滤波[135]，基本思想是根据地面点和非地面点之间的地形坡度有一定的差别，利用地形坡度变化来实现地面点与非地面点的滤波。假设对于点$A(x, y, z)$，在给定的半径 R 的区域内，若该点与任一点之间坡度的最大值小于设定的坡度阀值，则点 A 为地面点；反之为非地面点。点 A 相对于点 $B(x, y, z)$ 坡度 S_A 的计算公式为

$$S_A = \frac{z_A - z_B}{\sqrt{(x_A - x_B)^2 + (y_A - y_B)^2}} \tag{4-1}$$

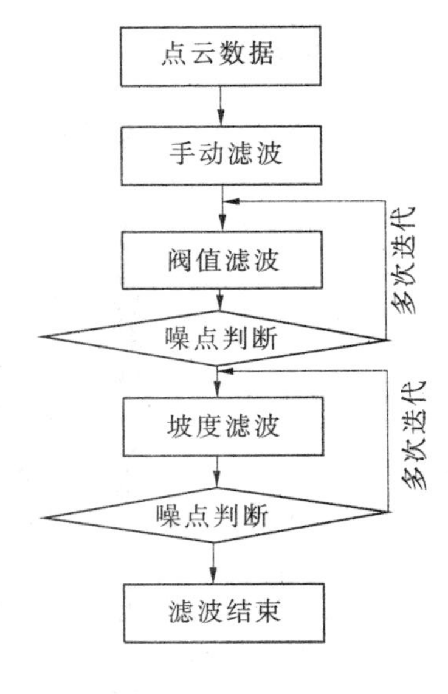

图 4-2　点云的滤波流程

图 4-3（a）、（b）为理塘活动断裂禾尼处正断层采用最大局部坡度滤波法滤波前后的彩色点云，滤波后的点云图［见图 4-3（c）］上基本可将地面上的植被和石头等噪声点滤除，取得较好的滤波效果。

（a）原始彩色点云

（b）地面植被噪声点

图 4-3　滤波前和滤波后的点云图像

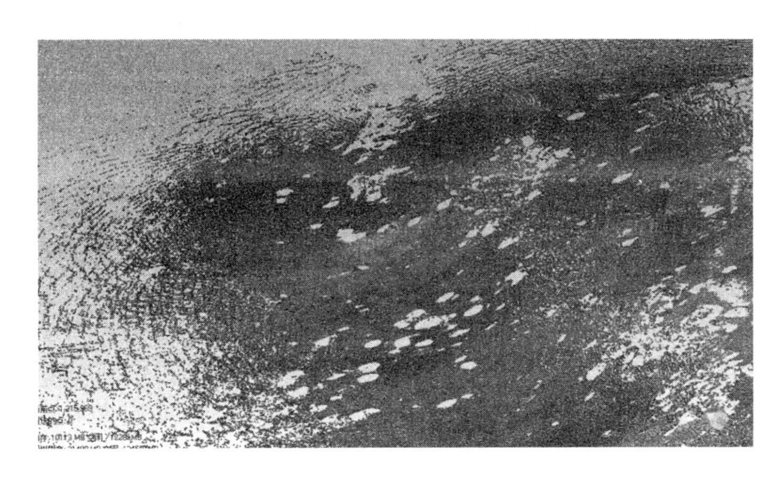

(c) 滤波后的点云

续图 4-3

4.2.2 点云重采样

地面激光扫描仪扫描速度较快,数据密度大,经过多站拼接后,会出现大量的重叠区域,若直接进行三角构网,既占用大量的计算机资源,也会增加构网拟合算法的难度,即使是专业的数据处理软件也比较困难[136]。另外,为提高模型构建效率,在满足精度的条件下并不需要所有的点都参与计算。因此,三维建模前,对点云进行精简是非常必要的。

地面激光扫描仪采集的数据多数是散乱点云,点云密度与扫描距离呈线性相关,距离激光中心近的点云密度较大,距离中心远的点云密度较小。根据点云密度分布的特点,曲率采样是最常用的采样方法,其基本原理是以点云中点的内在属性(曲率)作为采样标准,在曲率较大的区域保留较多的采样点,在曲率较小的区域则保留少量的采样点,多适用于地形复杂、起伏比较大的区域,具体的算法如下:采用最小二乘法对点云内任一点的 p_i 给定邻域内的 k 个点进行抛物面拟合,数学表达式为

$$z = ax^2 + bxy + cy^2 \tag{4-2}$$

采用豪斯霍尔德(Householder)变换法求解该线性方程,点云内任意点的曲率可用以下公式进行估算:

$$(Z_1, Z_2 \cdots Z_3)^{\mathrm{T}} = A\begin{pmatrix} a \\ b \\ c \end{pmatrix} \tag{4-3}$$

其中

$$A = \begin{vmatrix} {x_1}^2 & x_1\,y_1 & {y_1}^2 \\ {x_2}^2 & x_2\,y_2 & {y_2}^2 \\ \vdots & \vdots & \vdots \\ x_{k+1}^2 & x_{k+1}y_{k+1} & y_{k+1}^2 \end{vmatrix}_{3(k+1)}$$

根据式(4-3)可解出 p_i 的高斯曲率 K 和平均曲率 H 为

$$\begin{cases} K = 4ac - b^2 \\ H = a + c \end{cases} \tag{4-4}$$

根据以上公式可计算出所有离散点的高斯曲率和平均曲率,然后根据曲率的大小均匀划分区间对点云进行重采样。

4.3 微地貌变形识别

利用点云构建高精度 DEM 后,可将断层微地貌形态形象、直观地表达出来。高精度的 DEM 不仅可获取大范围的三维地形数据,为研究和理解活动构造相关的地质情况、地貌及最新的形变演变提供精确的基础数据,还可以身临其境,多视角地分析地貌、地形和断层错断等精细特征。在 DEM 的基础上生成的坡度图和等高线图可实现对断层微地貌地表变形的提取,特别是较大震级地震形成的地表破裂。在 DEM 可截取任意位置处的二维地形剖面,通过最小二乘拟合方法精确计算微地貌的垂直位错量,以实现对构造地貌的量化分析。

4.3.1 数字高程模型

DEM 构建方法多种多样,结合点云特点和地质调查需要,不规则三角形构网法(TIN, triangulated irregular network)是实现断层微地貌形态 DEM 重建最简单快捷且效果较好的方法,也是目前最成熟的方法之一。其基本原理是将散乱的数据点在空间上组成一个最优的三角网格,使每个三角形尽量接近狄洛尼三角网格,即最大限度地保证每个三角形是锐角三角形或三边长度近似相等,避免过于狭长或尖锐的三角形出现。复杂地形的 DEM 由许多连续的不规则三角面组成,随着地形的起伏变化,三角面的形状、大小和密度也会随着采样点的位置和密度而发生变化。通过三角构网建立起的 DEM 能较好地顾及地貌上的特征点、线,从而将复杂地形区域内的微地形变化在 DEM 上表现出来。图 4-4 为三角构网后的 DEM 和彩色纹理的 DEM。图 4-5 为根据 DEM 建立的三维地表模型。与数字高程模型相比,三维地表模型可将断层经过区域的地形和地貌更加逼真地反映出来,完全复原域内真实三维地形,为实现地表变形的提取和定量计算提供数据支持。

4.3.2 地表变形提取方法

断层经过的区域,由于地壳运动会造成一些典型的地貌现象,比如地表破裂、断层陡

图 4-4 三角构网后的 DEM 和彩色纹理的 DEM

续图 4-4

图 4-5　三维地表模型

坎、地面隆起与断陷区等，在离散的点云上这些地貌现象是通过区域内离散点高程值的突变表现出来的。相对离散点云，DEM 上的地形曲面变化具有非间断的连续性，为提取

DEM 上的地表变形,常采用坡度图形式,即计算 DEM 上每个三角形与水平地面之间的夹角,根据夹角变化建立坡度变化图像,从而识别出断层的变形区。设任意三点 $A(x_1,y_1,z_1)$,$B(x_2,y_2,z_2)$,$C(x_3,y_3,z_3)$ 构成的三角形的方程为

$$ax + by + cz + d = 0 \tag{4-5}$$

式中,a、b、c 为三角平面的法向量参数;d 为三角平面到投影平面的距离,如图 4-6 所示。

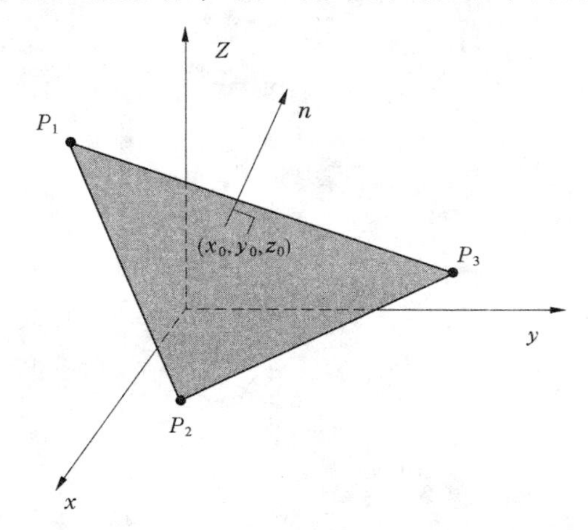

图 4-6 任意三点构成的三角平面

那么三角平面的法向量 n 可通过三个点 $A(x_1,y_1,z_1)$,$B(x_2,y_2,z_2)$,$C(x_3,y_3,z_3)$ 计算出来,其计算公式为

$$n = \begin{bmatrix} a \\ b \\ c \end{bmatrix} = \begin{bmatrix} (y_2 - y_1)\cdot(z_3 - z_1) - (z_2 - z_1)\cdot(y_3 - y_1) \\ (z_2 - z_1)\cdot(x_3 - x_1) - (x_2 - x_1)\cdot(z_3 - z_1) \\ (x_2 - x_1)\cdot(y_3 - y_1) - (y_2 - y_1)\cdot(x_3 - x_1) \end{bmatrix} \tag{4-6}$$

由式(4-7)可计算出三角平面与水平面的夹角 β 为

$$\beta = \cos^{-1}\left[\frac{|b|}{\sqrt{a^2 + b^2}}\right] \tag{4-7}$$

其中,式(4-7)仅为 β 在第一象限的值,根据式(4-6)中 a、b 符号的正负,三角平面与水平面夹角的完全表达式 β' 为

$$\beta' = \begin{cases} \beta & \beta \in (0°,90°) \\ 180 - \beta & \beta \in (90°,180°) \\ 180 + \beta & \beta \in (180°,270°) \\ 360 - \beta & \beta \in (270°,360°) \end{cases} \tag{4-8}$$

通过式(4-8)可以计算构网后 DEM 上的每个三角形与水平面之间的夹角,然后根据角度分布绘制坡度图,其角度值可用不同的颜色显示。如果断层地表发生变形,那么在 DEM 上该区域内的高程值会发生突变,区域内三角面与水平面之间的角度会增大,在坡度图可直接识别。相对其他区域,坡向图上颜色值越深的区域,其地表变形的程度越大,颜色值较浅的区域,地表变形的程度越小,因此通过坡向图上的颜色变化可将断层微地貌变形反映出来,进而识别出断层微地貌变形区域。图 4-7 为某断层的坡度图,坡度变化较

小或者无变化的区域,坡度值的范围大致为0°~10°,地形变化程度较小。坡度变化较大的区域,坡度值范围在20°以上,地形变化程度较大。颜色深、范围较大的区域代表正断层陡坎的边界,坡度变化大和坡度变化小区域交界处为地表破裂经过的区域。

图4-7　某断层的坡度图

除坡度图识别微地貌变形外,等高线的密集程度也可反映地形变化。等高线是表示地貌最常用的方法,常表示具有连续分布特征的地形现象。等高线的密集程度,可清晰地反映出局部地形起伏变化,进而将地形上的垂直变化和水平方向的强弱差异精确地表示出来。断层上地表发生变形的区域,其高程也会发生相应变化,即在地貌变化区域的等高线分布比较密集,并且与周围区域存在明显的高程变化。图4-8为某正断层的等高线图,其间距为0.5 m。断层陡坎区域内等高线分布比较密集,根据等高线的密集程度可判断出正断层陡坎的边界。在上盘范围内也存在等高线较为密集区域,但密集程度较弱,如图4-8中所示,初步判断为地表破裂。为更加直观地识别地表变形,可以将等高线图与三维地表模型图或坡向图叠加起来进行微地貌变形的识别,如图4-9和图4-10所示。

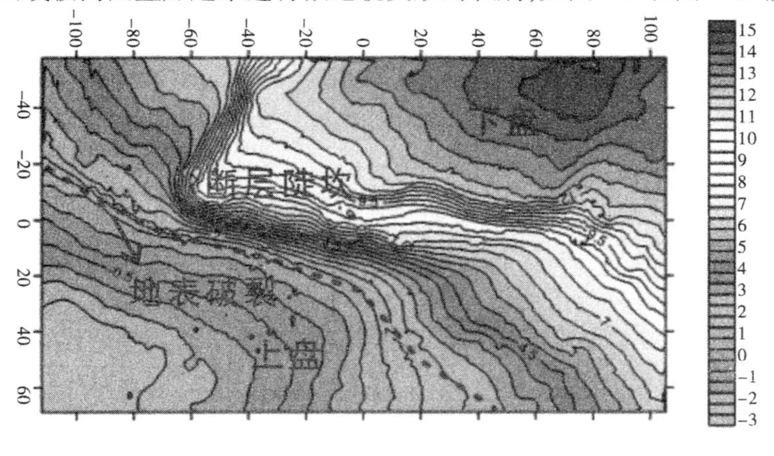

图4-8　某正断层的地表变形(等高线图)

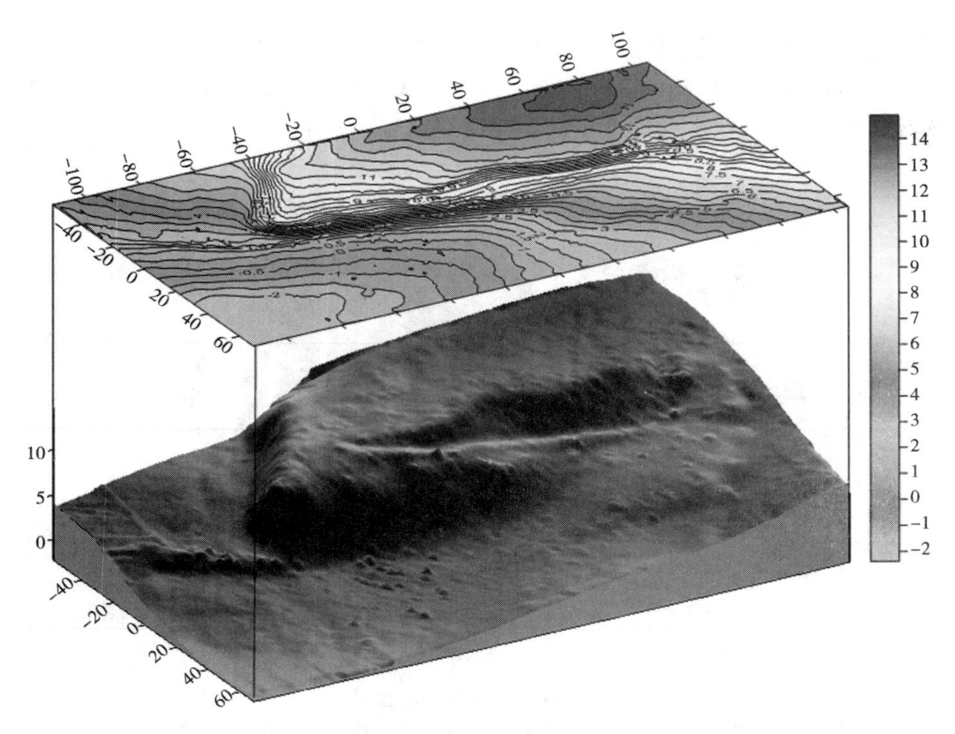

图 4-9　某断层的三维地表模型与等高线图叠加效果

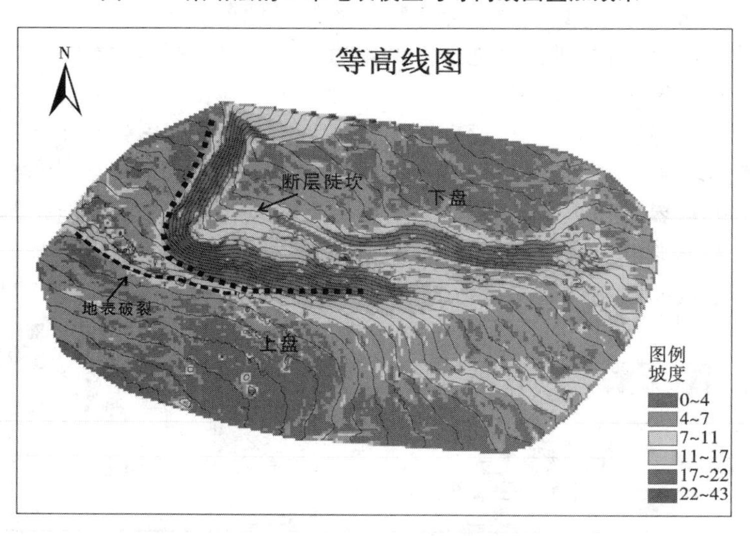

图 4-10　某断层的地表变形识别(坡向图与等高线图叠加效果)

4.4　垂直位错的计算

从地震地质学的研究角度,典型第四纪地貌体的位错及被断错地貌体年代是断层活动性定量研究最重要的两个参数,可以计算出活断层的平均滑动速率,这对于量化断层活动强度、探索强震复发规律和评估未来时间段内发生不同震级地震的危险度具有重要的意义。

4.4.1 地形剖面提取

从高精度 DEM 上可选择从不同的虚拟视角、不同的色度或其他的处理方式来显示微构造地貌、地表变形等,也可在 DEM 上直接进行断层地表位错和特征参数的测量。但由于地形变化和观测视角的影响,使直接量测的结果存在较大误差。为了减小测量误差,常采用提取地表变形剖面后,通过后期的拟合算法来实现。

二维地形剖面是指地形表面与垂直于断层的平面相交所截的曲线,由于地形表面是数字高程模型,因此剖面线表示的是地表高程的变化。点云的密度呈不规则分布,距离激光中心越近的区域,点云的密度越大,距离激光中心越远的区域,点云的密度越低,而且随着扫描距离的增加,同一条激光扫描线上相邻离散点之间的距离也会增大。由于点云密度呈不均匀分布,要从点云上直接提取出平面上的点来构建截面数据几乎是不可能的,在实际截面的计算中通常是将位于切片两侧一定厚度范围内的点都参与运算[137,138]。因此,在点云上直接截取二维剖面的算法比较麻烦,效率较低。相对于离散点云,DEM 是连续高精度的二维曲面,在二维曲面上可获取任意角度、任意位置的二维剖面,且算法比较容易实现。具体实现方法如下:为计算图 4-5 某断层陡坎的垂直位错,首先利用垂直于断层陡坎的平面截取 DEM,两平面的交线即为二维剖面线,为了保证垂直位错的计算精度,实际应用中常选择等距离的多组剖面,将所有剖面线计算结果的平均值作为该区域断层垂直位错量。图 4-11(a)表示 10 个等间距垂直于正断层陡坎的平面截取 DEM 的过程,图 4-11(b)为提取出的 10 条剖面线,剖面线之间的间距为 3 m。10 个不同位置处的二维剖面线平面图如图 4-12。

4.4.2 垂直位错量计算

地震活动后较短时期内,断层陡坎整体保存良好,断层陡坎和上下盘的分界处容易识

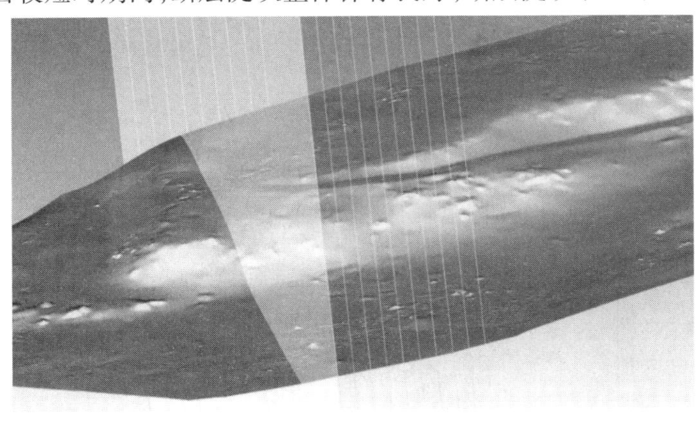

(a)

图 4-11 二维地形剖面的提取

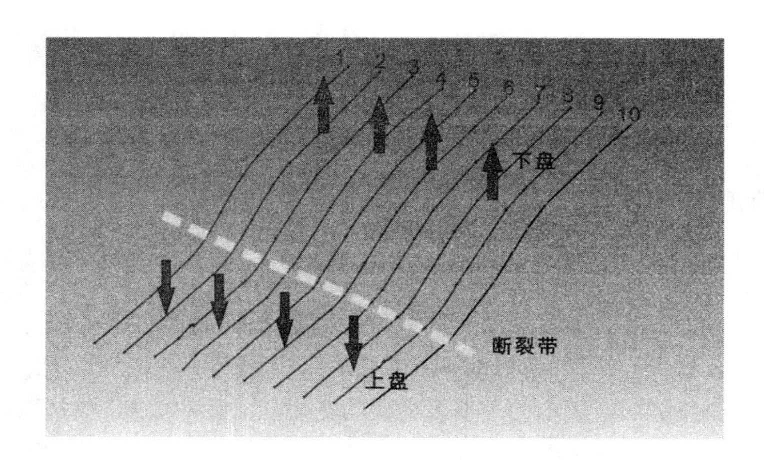

(b)

续图 4-11

别,断层陡坎的垂直位错量可直接进行量测,其数学模型如图 4-13(a)所示。随着地壳构造活动的持续作用,同时伴随着外界环境因素的影响,如长期的风化、侵蚀和沉积,会使断层陡坎的上盘和下盘的地形发生变化,模型如图 4-13(b)所示。此种情况下,断层陡坎与上下盘的分界处难以识别,直接测量的垂直位错量存在较大的误差。为降低误差,提取出二维地形剖面后,采用最小二乘法拟合出上下盘的地形参考线,再对断层陡坎的垂直位错量进行计算。具体方法如下:首先,对二维地形剖面上所有点之间的高程差值进行计算,通过设定阈值标记出上盘和下盘部分的高程突变点,以识别出断层陡坎和上下盘之间的分界处,见图 4-14(a)。其次,通过高程突变点可将整个二维地形剖面分为三部分,即上盘、断层陡坎面、下盘,采用最小二乘法分别拟合出这三个部分的最佳地形参考线,从而获取断层陡坎参考线与上下盘参考线之间的交点,见图 4-14(b)、(c)。最后,以断层参考线与上下盘参考线两交点之间的垂直距离作为断层陡坎在断层面上的垂直位错量,见图 4-14(d)。利用此方法可以依次计算出 10 个不同断层面的垂直位错量,如表 4-1 所示,因此以平均值 7.05 m 作为该区域断层陡坎的垂直位错量。

$$\Delta h = \frac{\sum_{i=1}^{n} \Delta h_i}{n} = 7.08$$

表 4-1　垂直位错量计算

断层面序号	垂直位错(m)	断层面序号	垂直位错(m)
1	7.03	6	6.88
2	6.94	7	7.21
3	7.13	8	7.12
4	7.15	9	7.08
5	7.06	10	7.18

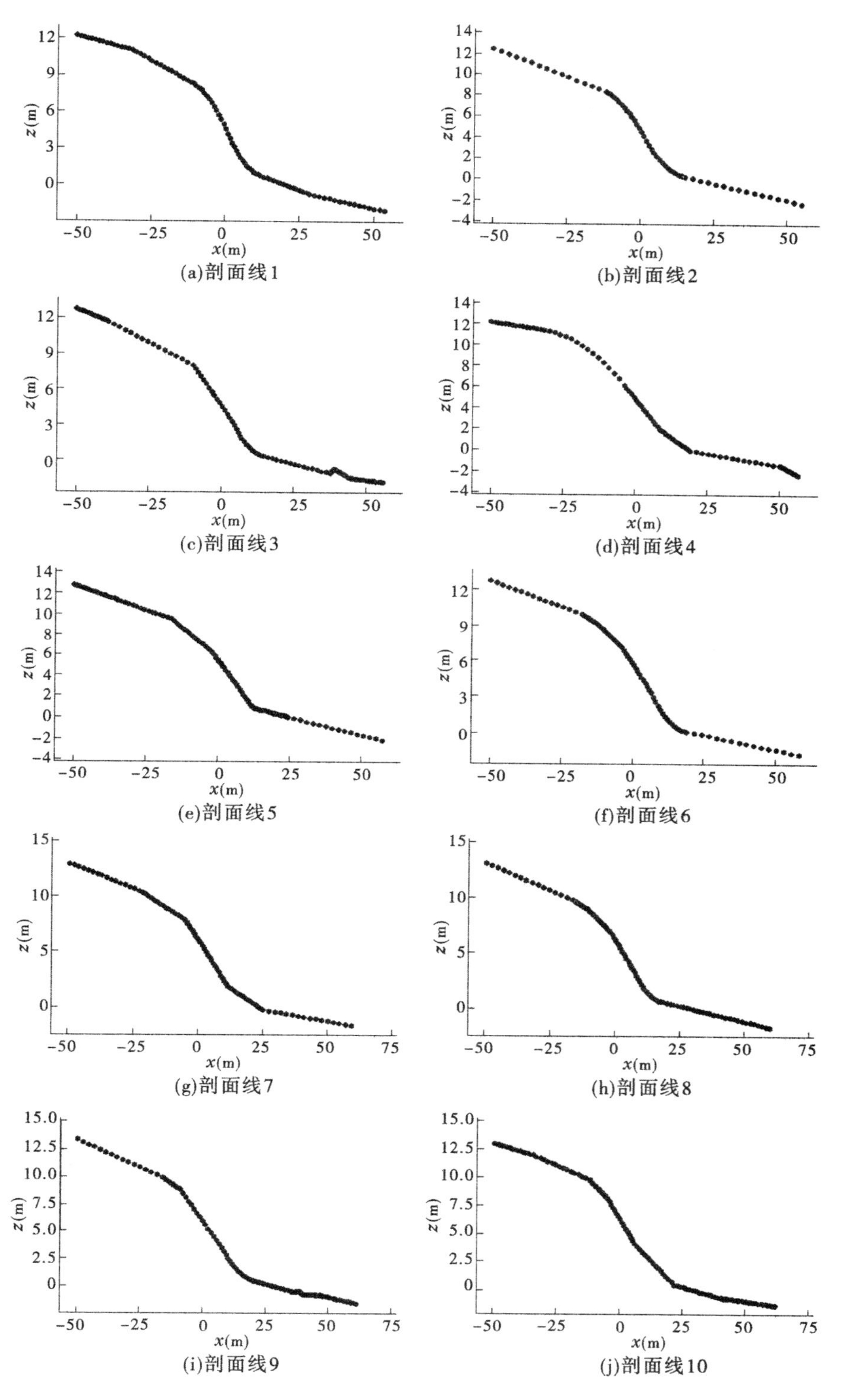

(a)剖面线1　(b)剖面线2

(c)剖面线3　(d)剖面线4

(e)剖面线5　(f)剖面线6

(g)剖面线7　(h)剖面线8

(i)剖面线9　(j)剖面线10

图 4-12　二维地形剖面

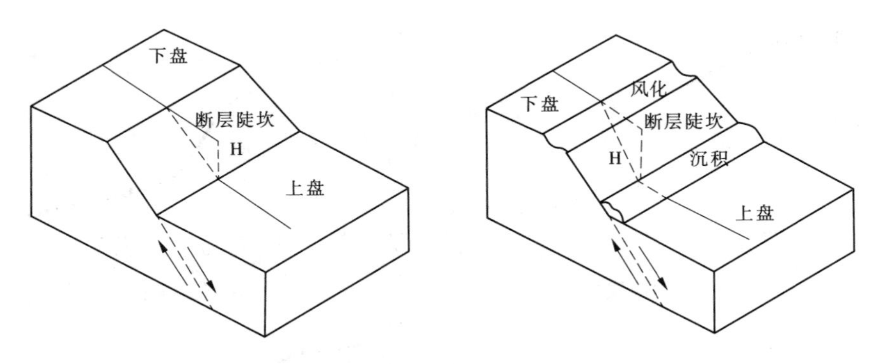

图 4-13　断层陡坎模型

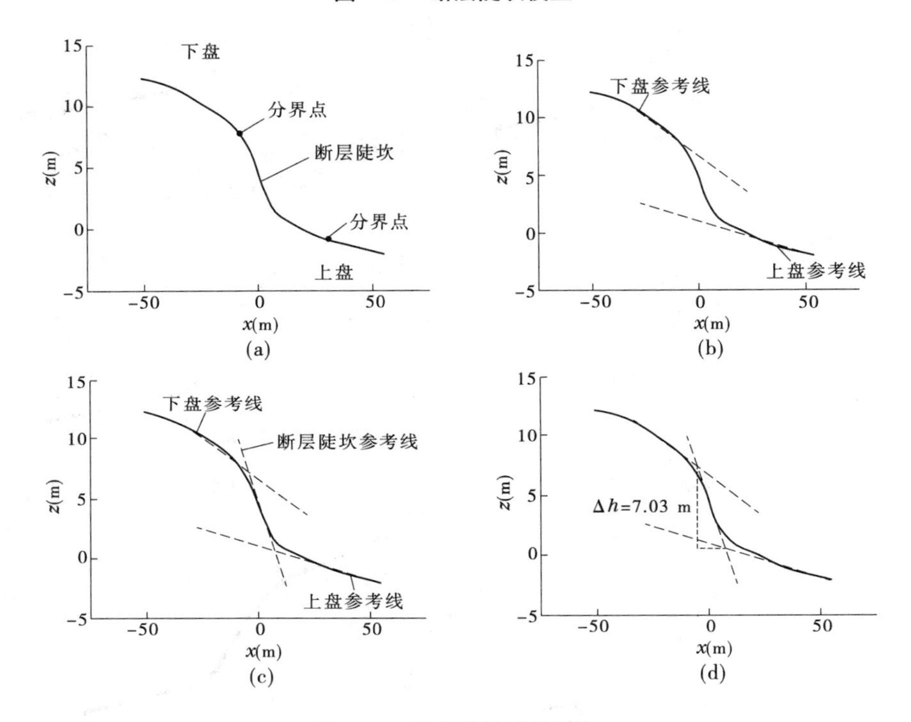

图 4-14　垂直位错计算过程

此方法计算的断层陡坎的垂直位错量，最大程度上减少了后期构造运动和外界环境作用带来的地形变化，得到了断层陡坎精确的垂直位错量，为更进一步计算出断层的评价滑动速率，定量评估未来时间段内断层活动强度、探索强震复发规律和开展地震危险性评价提供了重要的数据支持。

第 5 章　探地雷达探测断层浅层结构成像技术

第四纪地貌体的高精度、高分辨率测量是活断层研究的基础,地震对地表形态的改造尺度通常是米级甚至是厘米级,而活断层作用所形成的微地表形态与浅层结构是刻画断层最新活动的重要证据。此外,因活断层的地下结构受沉积、风化等自然动力及人类生产与生活活动的影响较小,可最大程度保留区域内已发生的地震事件,能更全面地反映区域内大地震活动过程与特征。因此,在研究断层地表微地貌的同时,必须对断层地下浅层进行分析,这是目前地震地质研究和地质调查必不可少的内容,尤其是古地震研究。

5.1　探地雷达数据特点

5.1.1　数据形式

在探地雷达数据采集过程中,由于扫描方式不同,其数据形式也不相同。探地雷达主要有 A - scan、B - scan 和 C - scan 三种扫描形式[139],如图 5-1 所示,图中表示 xoy 平面内天线沿 x 轴方向水平移动、电磁波沿 z 轴向下传播的三种不同扫描方式示意图。

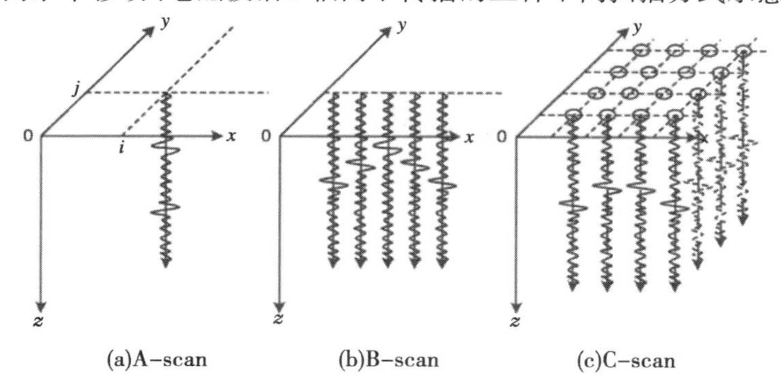

图 5-1　探地雷达扫描方式示意图

5.1.1.1　A - scan

探地雷达天线在 xoy 平面内任意空间位置(x_i,y_j)处获取的单道波数据的扫描方式,称为A - scan。单道波数据格式是最基本的数据方式,主要记录电磁波在介质中传播时遇到异常并反射回来波的瞬时振幅、瞬时频率、瞬时相位和双程传播时间,并将采样点以单道波的形式显示出来,其数学表达式为

$$f(z) = A(x_i, y_j, z_k) \tag{5-1}$$

式中,i 和 j 为常数;$k = 1, 2, 3, \cdots, K$,K 为采样视窗内的采样点数。

5.1.1.2　B－scan

探地雷达天线在 xoy 平面内沿某一方向采集数据并获得连续的二维时间剖面的扫描方式称为 B－san，也是目前探地雷达数据采集最常用的扫描方式。二维时间剖面是由连续等间距的单道波数据组成的，以二维变面积灰度图的形式显示，一般波峰常用黑色填充，波谷用白色填充。二维时间剖面图的横向代表探地雷达天线沿测线行进的水平距离，纵向表示电磁波在地下介质中传播的双程时间。测线沿 x 轴的二维时间剖面的数学表达式为

$$f(x,z) = A(x_i, y_j, z_k) \tag{5-2}$$

式中，i 为常数，$i=1,2,3,\cdots,I$，I 为总的数据采集道数，即 A－scan 的总数；$k=1,2,3,\cdots,K$，K 为采样视窗内的采样点数。

5.1.1.3　C－scan

探地雷达天线在 xoy 平面内沿多条平行测线采集数据，并完成对一个区域测量的扫描方式，称为 C－scan，如图 5-2 所示。C－scan 是由一系列 B－scan 剖面组成的，B－scan 剖面之间的数据采集一般是等间距的。C－scan 方式是目前探地雷达获取三维数据的主要方式，通过后期插值算法可以实现对测量区域内整体的三维显示。C－scan 形式的数学表达式为

$$f(x,y,z) = A(x_i, y_j, z_k) \tag{5-3}$$

式中，$i=1,2,3,\cdots,I$，I 为总的数据采集道数，即 A－scan 的总数；j 为常数，$j=1,2,3,\cdots,J$，J 为总的测线数，即 B－scan 的总数，$k=1,2,3,\cdots,K$，K 为某一 A－scan 采样视窗内的采样点数。

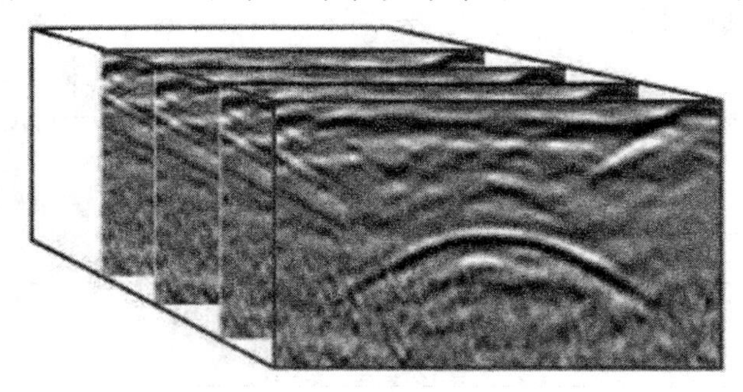

图 5-2　多个测线的 B－scan 构成的一个 C－scan

5.1.2　二维剖面显示方式

探地雷达发射的电磁波与地震勘探中地震波的传播运动学特征十分相似，因此探地雷达数据的特点和显示形式与地震剖面基本相同。目前，较为常见的地震剖面显示方式有波形显示、变密度显示、变面积显示、正极性、负极性、波形＋变面积显示等[140]。探地雷达二维图像显示方式主要来源于地震剖面的显示方式，主要包括波形显示、变面积显示和变密度显示。

波形显示是将每道探地雷达数据用连续的折线绘制，类似示波器波形显示的形式，然后将各道数据并排显示。为实现原始数据的放大和缩小，采用光滑曲线插值算法按照显示比例对每道探地雷达数据进行插值，使其呈光滑曲线显示，见图 5-3(a)。波形显示的优点是用振动图形将电磁波的动力学特征全面地反映出来，包括振幅、频率和波形等，但是存在界面直观性较差的缺点。

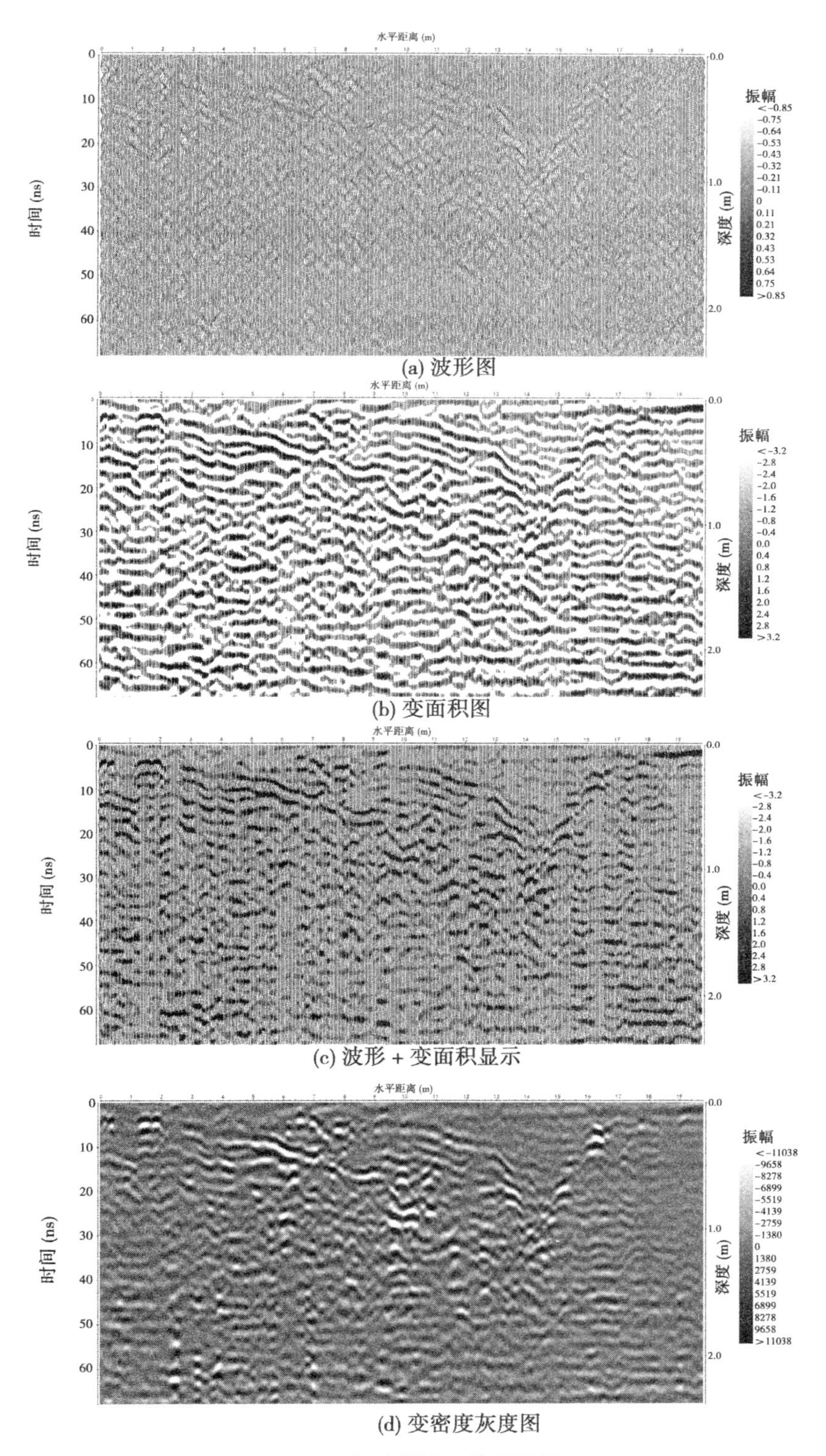

(a) 波形图

(b) 变面积图

(c) 波形 + 变面积显示

(d) 变密度灰度图

图 5-3　探地雷达二维剖面显示

变面积显示是用梯形面积大小和边缘陡缓将探地雷达能量的强弱表示出来的，波峰用黑色填充，见图5-3(b)。变面积显示主要有三种显示方式，即正极性、负极性和双极性，正极性一般用红色填充，负极性一般用黑色填充。而双极性显示是将波峰和波谷用不同的颜色填充。变面积显示的特点是将地下界面的形态直观反映出来，外形与地质剖面接近，但对电场波的动力学特征反映不全面。波形显示和变面积显示具有各自的优缺点，而采用波形+变面积叠加显示的方式，可将雷达波的波峰部分填黑，突出反射层次，波谷部分留出空白，便于进行波形分析和对比，见图5-3(c)。波形和变面积叠加显示方式，不仅全面反映出电磁波的动力学特征，也可直观表示地下界面的形态。

变密度显示是将采样点的振幅强弱用密度值大小表示，然后以连续彩色谱的形式成图，见图5-3(d)。变密度剖面显示的实现方法主要有以下两种：一种是根据图像的显示比例以采样点为中心画小矩形，在此基础上根据采样点位置的电磁波强度大小进行颜色填充，如果二维剖面图像的显示比例较大，运用此方法实现的变密度显示会出现马赛克现象；另一种是在剖面的横纵方向上即道与道数据和采样点数据之间进行插值，然后以不同颜色将位置点电磁波的强度值大小显示出来，利用这种方法得到的剖面光滑连续，层次分明，振幅强度大的区域光线密度较大，色调较深；振幅强度小的区域光线密度较小，色调较浅。变密度显示能将GPR图像上异常区清晰地显示出来，但反射的层次不如变面积显示清晰。

5.2 GPR图像的地形校正

探地雷达的图像是水平和竖直方向成一定比例的二维时间剖面图，以测线初始位置为起点，横轴表示探地雷达天线沿测线方向的水平距离，纵轴代表电磁波在介质中的传播时间。当天线在地形比较平坦条件下采集数据时，电磁波发射信号的时间起始点和地面与天线的结合面在同一平面上，采集到的图像是以水平零线作为起始线的剖面图，可将地下构造的真实形态反映出来。但在实际应用中，采集区域内的地形经常是起伏变化的，此时探地雷达每道数据的时间起始点会随着地形的变化而变化，导致地下目标成像的形状和位置发生改变。而探地雷达图像仍是以水平零线作为起始线的形式显示出来的，无法将真实的地下构造在图像上表示出来，从而影响到图像的解译和目标物的精确定位。因此，图像解译前需消除地形起伏引起的图像畸变以恢复地下浅层真实结构[141,142]。

5.2.1 基本原理

与地震波静校正原理相似，探地雷达图像的地形校正是将各道数据的双程传播时间统一校正到距空气—大地交界面上方一定距离处的一个水平基准面上，这个基准参考面通常选择测线最高点或最低点所在的水平面[142]。图5-4(a)为地形起伏的模型，某深度处存在一均匀呈水平走向的介质层。此起伏地形条件下探地雷达图像见图5-4(b)，由于地形起伏对电磁波传播时间的影响，每道数据的实际起始点会随着地形的变化而变化，使水平层位走向发生改变。为消除地形起伏对探地雷达图像的畸变效应，选择某一水平面为参考面(参考面通常选择测线上最高点所在的平面)，计算出探地雷达图像上每道数据相对于参考面的高程差，利用时间移位原理校正雷达图像上的道数据在垂直方向上的传

播时间，计算公式为

$$\Delta t = \frac{-2h(x)}{v} \tag{5-4}$$

式中，$h(x)$为该点相对于参考平面的高程差；v为电磁波在空气中的传播速度，一般取值为0.3 m/ns。

以此实现探地雷达图像的高度静校正。在实际应用中，探地雷达图像上每道数据相对于参考面的高程差并不需全部计算出来，而是均匀选择一定量的差值，运用插值算法将剩余道数据的高程差计算出来，计算公式为

$$h(x_i) = \begin{cases} h(x_i) + \dfrac{h(x_{i+1}) - h(x_i)}{(x_{i+1} - x_i)} \cdot (x - x_i) & |x - x_i| \leqslant |x - x_{i+1}| \\ h(x_i) + \dfrac{h(x_{i+1}) - h(x_i)}{(x_{i+1} - x_i)} \cdot (x - x_{i+1}) & |x - x_i| \geqslant |x - x_{i+1}| \end{cases} \tag{5-5}$$

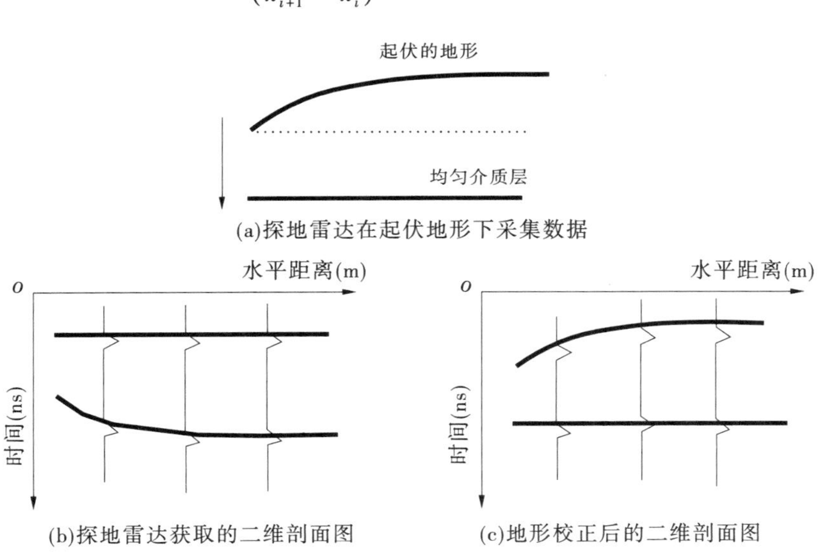

(a)探地雷达在起伏地形下采集数据

(b)探地雷达获取的二维剖面图　　(c)地形校正后的二维剖面图

图5-4　地形校正的原理

5.2.2　地形校正方法

探地雷达图像地形校正的过程，实质上是探地雷达数据与地形数据精确匹配的过程。因此，精确地获取测线的地形数据是实现探地雷达图像地形校正的关键。对于地形数据的获取，目前多采用激光测距仪[143]、全站仪[144]、倾角仪和里程计[145]等测量工具。这些方法一定程度上存在数据采集频率和采样密度低、信号易遮挡和环境适用差等缺点，而且地形数据和探地雷达图像匹配易受外界因素干扰，无法保证探地雷达图像地形校正的效果。

为提高探地雷达图像地形校正的效率和精度，同时实现探地雷达数据精确位置信息的获取。提出利用差分GPS在探地雷达数据采集时同步获取精确的高程信息的方法来实现探地雷达图像的地形校正。差分GPS可以提供实时的三维地理位置，在GPS信号良好的情况下，通过差分处理可获取厘米级精度的地理坐标，满足复杂地形下探地雷达图像

地形校正的要求。差分 GPS 系统主要由基准站和流动站组成,数据采集时,将基准站布设在测区内比较开阔、地势较高的位置,流动站 GPS 天线直接安装在探地雷达天线的正上方,与探地雷达天线中心重合,见图 5-5。通过硬件集成将探地雷达与流动站 GPS 有机结合成一个整体的系统,以实现探地雷达数据采集和位置信息的同步获取。探地雷达采用高精度测距轮方式采集数据,测距轮在行进的过程中不断触发探地雷达主机单元采集数据,见图 5-5,同时,在 GPS 的 I/O 口记录下位置信息。数据采集完成后,首先通过后期差分处理出每道数据的精确三维坐标;然后基于时间同步原理实现探地雷达数据与 GPS 位置的精确匹配,使每道探地雷达数据都附上与之对应的精确高程信息;最后在此基础上提取出探地雷达每道数据的高程信息,结合式(5-4)和式(5-5)就可实现探地雷达图像的地形校正,具体流程如图 5-6 所示。

图 5-5　GPS 与 GPR 数据同步采集

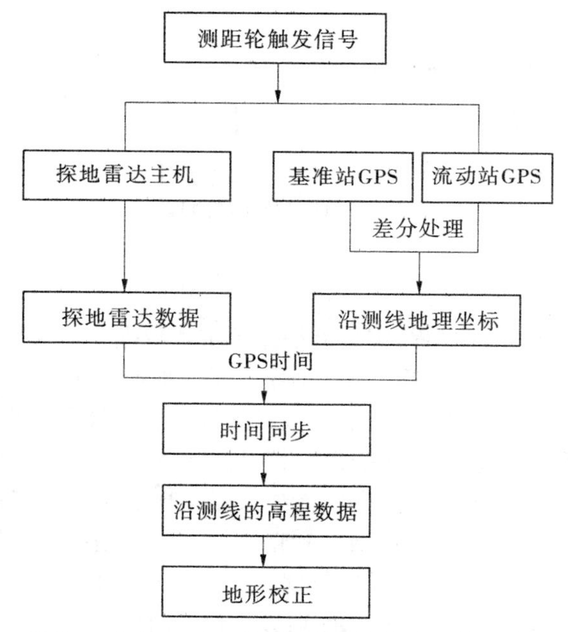

图 5-6　差分 GPS 实现探地雷达图像地形校正流程

5.2.3　应用实例

选用 500 MHz 频率天线垂直于断层走向获取地下浅层图像，探地雷达数据采集如图 5-7 所示。由于受卫星星历误差、大气延迟误差和卫星钟的钟差等因素的影响，GPS 实时单点定位精度存在较大的误差，高程精度不高，很大程度上影响探地雷达图像的地形校正效果。探地雷达数据采集过程中利用差分 GPS 实时获取精确的高程信息，通过后期差分处理可得到探地雷达道数据的高程信息。根据基站数据求取伪距修正量后对流动站获取的测量数据进行修正，从而提高地形数据的精度，保证地形校正的效果。图 5-8 为利用诺瓦泰公司的 Inertial Explorer 8.4 软件对基准站和流动站的数据进行差分处理的结果。处理完后输出的测线地形数据可直接用于探地雷达图像的地形校正，部分地形校正数据见表 5-1。

图 5-7　探地雷达数据采集

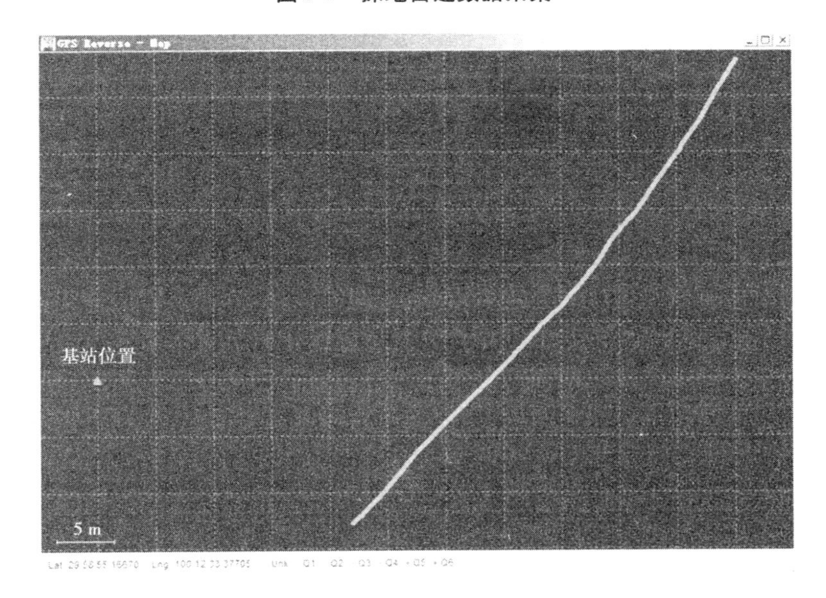

图 5-8　Inertial Explorer 8.4 软件差分结果

表 5-1　地形校正数据

水平位置(m)	高程差(m)	时间差(ns)	水平位置(m)	高程差(m)	时间差(ns)
0	3.133	20.89	9.5	2.376	15.84
0.5	3.103	20.63	10	2.323	15.48
1	3.062	20.41	10.5	2.268	15.12
1.5	3.022	20.15	11	2.224	14.82
2	2.977	19.84	11.5	2.1	14
2.5	2.941	19.61	12	1.993	13.28
3	2.903	19.35	12.5	1.899	12.66
3.5	2.879	19.19	13	1.825	12.16
4	2.837	18.91	13.5	1.695	11.3
4.5	2.794	18.62	14	1.546	10.30
5	2.774	18.49	14.5	1.372	9.14
5.5	2.747	18.31	15	1.272	8.48
6	2.71	18.06	15.5	1.053	7.02
6.5	2.652	17.68	16	0.897	5.98
7	2.587	17.24	16.5	0.717	4.78
7.5	2.546	16.97	17	0.522	3.48
8	2.514	16.76	17.5	0.308	2.05
8.5	2.465	16.43	18	0.07	0.46
9	2.411	16.07	18.5	0	0

图 5-9(a)是地形校正前的探地雷达图像,水平距离 0 ~ 20 m 处存在呈漏斗状的电磁

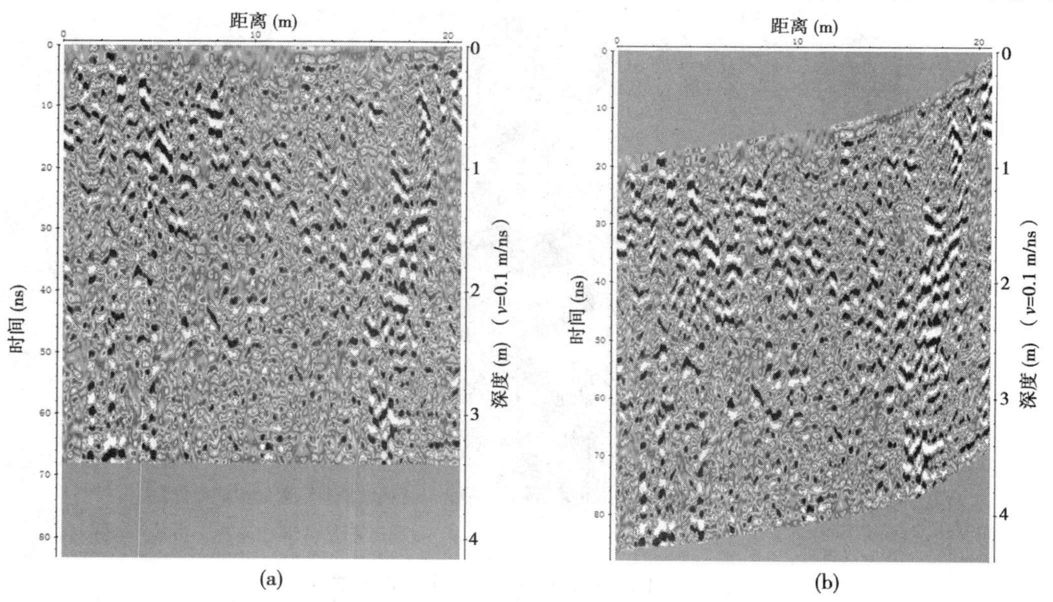

图 5-9　地形校正前后的探地雷达图像

波异常区,初步判断为主断层经过区域。图 5-9(b)为地形校正后的探地雷达图像,消除了地形起伏对探地雷达图像的畸变效应,将地下浅层结构直观、形象地反映出来,有利于探地雷达图像的解译和异常区的精确定位。

5.3 断层电磁波散射建模及成像

探地雷达天线发射的电磁波具有高频特征,波长较短,由于介质的吸收和散射,电磁波传播的过程中衰减量较大,加之外界各种磁场的干扰,使探地雷达图像的解译存在一定的难度[146]。目前,探地雷达技术处于刚起步的阶段,硬件和软件的水平都有待进一步发展,探地雷达图像的解译几乎完全依赖解译人员的经验判断,解译结果存在较大的随机性和不确定性。因此,如何提高探地雷达图像解译的准确性是目前急需解决的问题之一。国内外学者做了许多研究工作后,认为正演模拟是深入认识和理解电磁波在地下介质中传播规律,解译雷达波响应特征的有效方法。针对不同类型的地下目标体,数据解译前利用正演模拟将电磁波在介质中的传播特征数值模拟出来,通过分析电磁波形状、振幅、频率等参数变化总结电磁波反射波特征的特点,以此作为实测探地雷达图像上的目标体识别和判定的依据。正演模拟方法不仅加深了对探地雷达实测剖面的认识,而且积累了探地雷达图像的解译经验,也在很大程度上提高了探测的效果和判读的准确性[147,148]。

根据电磁波的传播特点,正演模拟方法主要包括射线追踪法和波动方程法。射线追踪法是基于几何光学原理来研究雷达波的运动特征,具有计算速度快、精度高且考虑到电磁波衰减特性的优点,其缺点是无法将雷达波的动力学信息表达出来。波动方程法是基于麦克斯韦方程的波动方程数值法,可以将雷达波传播过程中的动力学特性完全表达出来,主要包括有限元法和时间域有限差分法[149]。这两种方法是当前探地雷达图像正演模拟中应用最广泛的方法,考虑到时间域有限差分法的网格剖分和实现过程比较简单,模拟结果也比较直观。因此,本书采用基于时间域有限差分法的散射建模及成像的相关方法,建立断层的数值模型,通过数值模拟来总结断层的雷达波响应特征。

5.3.1 FDTD 原理

FDTD 是一种建立在有限时域差分和麦克斯韦旋度方程上电磁场时域计算方法,其基本原理是将研究区分割成一定数量的空间网格,采用二阶精度的中心差分近似把麦克斯韦旋度方程直接转换为差分方程组,然后再进行时间离散化,最后加上相应的初始及边界条件,便可求解并推导出其在时域的电磁波公式。

考虑空间中的一个无源区域,其介质参数 μ、ε、σ 等不随时间变化且各项同性,则麦克斯韦旋度方程可用如下形式表示:

$$\frac{\partial H}{\partial t} = -\frac{1}{\mu}\nabla \times E - \frac{\rho}{\mu}H \tag{5-6}$$

$$\frac{\partial E}{\partial t} = -\frac{1}{\varepsilon}\nabla \times H - \frac{\sigma}{\varepsilon}E \tag{5-7}$$

式中,E 为电场强度;H 为磁场强度;ε 为介电常数;σ 为电导率;μ 为磁导率,ρ 为计算磁损耗的磁阻率。

在空间直角坐标系中,每个电磁场周围环绕着电场分量,而每个电场周围同样也环绕着磁场分量。因此,麦克斯韦的两个旋度方程就可以分为两组独立的耦合偏微分方程,一组为 TM 波的方程组,另一组为 TE 波的方程组。

TM 波的方程组如下:

$$\frac{\partial E_z}{\partial y} = -\mu\frac{\partial H_x}{\partial t} - \sigma_m H_x \tag{5-8}$$

$$\frac{\partial E_z}{\partial x} = -\mu\frac{\partial H_y}{\partial t} + \sigma_m H_y \tag{5-9}$$

$$\frac{\partial H_y}{\partial x} - \frac{\partial H_z}{\partial y} = \varepsilon\frac{\partial E_z}{\partial t} + \sigma E_z \tag{5-10}$$

TE 波的方程组如下:

$$\frac{\partial H_x}{\partial y} = \varepsilon\frac{\partial E_x}{\partial t} + \sigma E_x \tag{5-11}$$

$$\frac{\partial H_z}{\partial y} = -\varepsilon\frac{\partial E_y}{\partial t} - \sigma E_y \tag{5-12}$$

$$\frac{\partial E_x}{\partial y} - \frac{\partial E_y}{\partial x} = \mu\frac{\partial H_z}{\partial t} + \sigma_m H_z \tag{5-13}$$

以上 6 个耦合的偏微分方程是 FDTD 算法的基础,K. S. Yee 对上述偏微分方程引入一种差分的格式,首先建立矩形差分网格,网络节点与一组相应的整数标号相对应[150],即

$$(i,j,k) = (i\Delta x, j\Delta y, k\Delta z) \tag{5-14}$$

那么在该点的任意一个函数 $F(x,y,z,t)$ 在时刻 $n\Delta t$ 的值可表示为

$$F^n(i,j,k) = F(i\Delta x, j\Delta y, k\Delta z, n\Delta t) \tag{5-15}$$

式中,$\Delta x,\Delta y,\Delta z$ 分别为矩形网格在 x,y,z 方向上的空间步长;Δt 为时间步长;i,j,k 均为整数。

在此基础上,Yee 采用中心差分来代替时间、空间坐标的微分,具体如下:

$$\frac{\partial F^n(i,j,k)}{\partial x} = \frac{F^n(i+\frac{1}{2},j,k) - F^n(i-\frac{1}{2},j,k)}{\Delta x} + o((\Delta x)^2) \tag{5-16}$$

$$\frac{\partial F^n(i,j,k)}{\partial t} = \frac{F^{n+\frac{1}{2}}(i,j,k) - F^{n+\frac{1}{2}}(i,j,k)}{\Delta t} + o((\Delta t)^2) \tag{5-17}$$

为满足式(5-16)中的精度,并满足式(5-8)~式(5-13)的表达,采用将空间任一矩形网络上 E 和 H 的六个分量表示为如图 5-10 的形式,即 YEE 氏网络。每个电场的分量周围都有四个磁场环绕,同时每个磁场分量的周围也都有四个电场分量环绕。

FDTD 方法是以差分方程组近似代替偏微分方程组来求解的,时间增量 Δt 和空间增量 $\Delta x,\Delta y,\Delta z$ 不是相互独立的,它们的取值必须满足一定的条件,即当差分离散间隔趋于无穷小时,差分方程组的解是收敛和稳定的。此外,当用 FDTD 对麦克斯韦方程进行数值

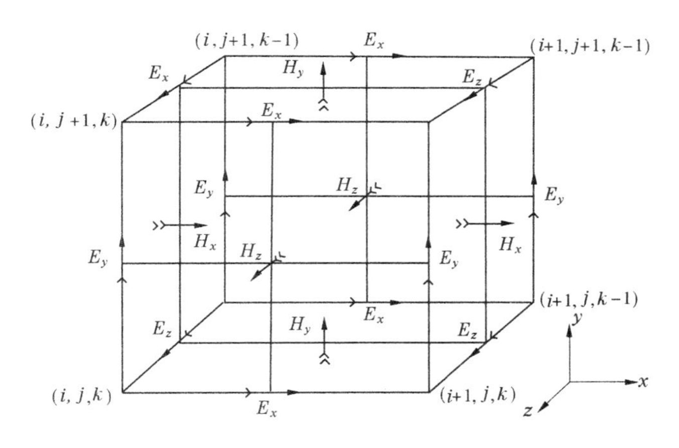

图 5-10　YEE 氏网络

模拟时将引起波的色散,即在时域有限差分网格中,波的传播速度将随波长而改变。这种色散将导致非物理因素引起的脉冲波形畸变[151]。下面给出解的收敛性和稳定性及数值色散问题的基本条件。

时间离散间隔的稳定性要求:

$$\Delta t \leqslant \frac{T}{\pi} \tag{5-18}$$

时域有限差分算法的数值稳定条件

$$\Delta t \leqslant \frac{1}{v\sqrt{\dfrac{1}{(\Delta x)^2}+\dfrac{1}{(\Delta y)^2}+\dfrac{1}{(\Delta z)^2}}} \tag{5-19}$$

式中,c 为光速,$c=2.997\ 925\times10^8$ m/s;$\Delta x,\Delta y,\Delta z$ 分别为矩形网格在 x,y,z 方向上的空间步长;Δt 为时间步长。

数值色散对空间离散间隔的条件:

$$\Delta \leqslant \frac{\lambda}{12} \tag{5-20}$$

一般取

$$\Delta \leqslant \frac{\lambda}{10} \tag{5-21}$$

式中,λ 是被研究媒质空间的最小波长值;$\Delta=\min(\Delta x,\Delta y,\Delta z)$。

选择合适的入射波形式及适当方法将入射波加入到 FDTD 迭代中,是实现 FDTD 模拟仿真的重要步骤。激励源按照其性质和形式不同进行分类,其类型各式各样。从时频的特征上,主要分为两类,即随时间周期变化的时谐场源和对时间呈脉冲函数的波源。探地雷达仿真的激励源上主要选择时间呈脉冲函数的波源,主要包括高斯脉冲、Ricker 子波和微分冲击型脉冲等形式。

因为 Ricker 子波是一种具有正负峰值的最小相位输入脉冲波,并且其等熵时频分布具有较好的能量聚集性,其波形见图 5-11。因此,本书选择 Ricker 子波作为探地雷达图像仿真的激励源,其时域方程为

$$V(t) = V_0\left\{1 - \left[\left(\frac{\frac{4/f}{\mathrm{d}t}+1}{2} - t + 1\right)f\mathrm{d}t\right]^2\right\}\exp\left\{\left[\left(\frac{\frac{4/f}{\mathrm{d}t}+1}{2} - t + 1\right)f\mathrm{d}t\right]^2\right\} \quad (5\text{-}22)$$

式中，f 为 Ricker 子波的中心频率。

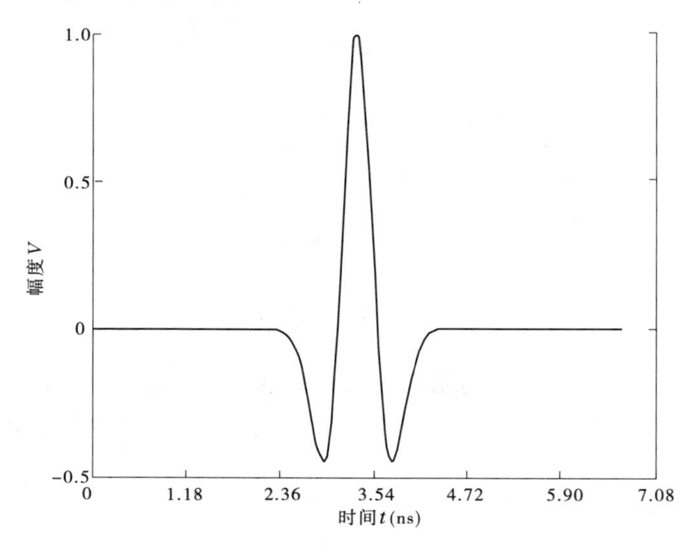

图 5-11　GPR 激励源 Ricker 子波波形

数值模拟过程中，由于电磁场的辐射、散射的边界是开放的，电磁波将占据无限大的空间，但由于计算机的内存是有限的，因此要利用有限的计算机内存来模拟无限大空间中电磁波的传播，必须设置电磁场传播的边界条件，即在某个位置电磁波被截断，截断处的波被边界吸收而不产生反射，来实现模拟无限空间的目的。为满足这一要求，采用完全匹配层(PML)的理论模型在 FDTD 中实现边界条件的限制。要实现电磁波进入完全匹配吸收层时，保持其完全被吸收而不被反射，只要满足下面两个条件即可[152]

$$\frac{\sigma_x}{\varepsilon_0} = \frac{\sigma_x^*}{\mu_0} \quad (5\text{-}23)$$

$$\sigma_x = \sigma_y^* = 0 \quad (5\text{-}24)$$

式中，σ_x 为非物理电磁波吸收层的电导率在 x 方向上的分量；σ_x^* 和 σ_y^* 为非物理电磁波吸收层的磁导率在 x,y 方向上的分量。

5.3.2　断层的雷达波响应特征

根据断层的几何形状建立数值模型后，选择合适的参数利用时间域有限差分法(FDTD)进行数值模拟。综合在野外调查过程中不同类型断层的分布，建立断层的数值模型，如图 5-12(a)所示，其中 A,B,C 三个多边形区域分别代表三个不同的介质层，由于土壤的相对介电常数介于 5 ~ 40，并考虑到土壤中的水分变化，其介电常数是由浅部到深部逐渐减小。数值模拟的过程中为尽量避免雷达波绕射现象，三个介质层基本呈水平走向。在水平距离 6 m 和 14 m 处共存在 2 处断层。断层正演模拟参数见表 5-2，由于在正演过程中磁导率对电磁波传播影响可以忽略不计,其值可以设定为 1,介质的电阻率设定 3 000 Ω · m。

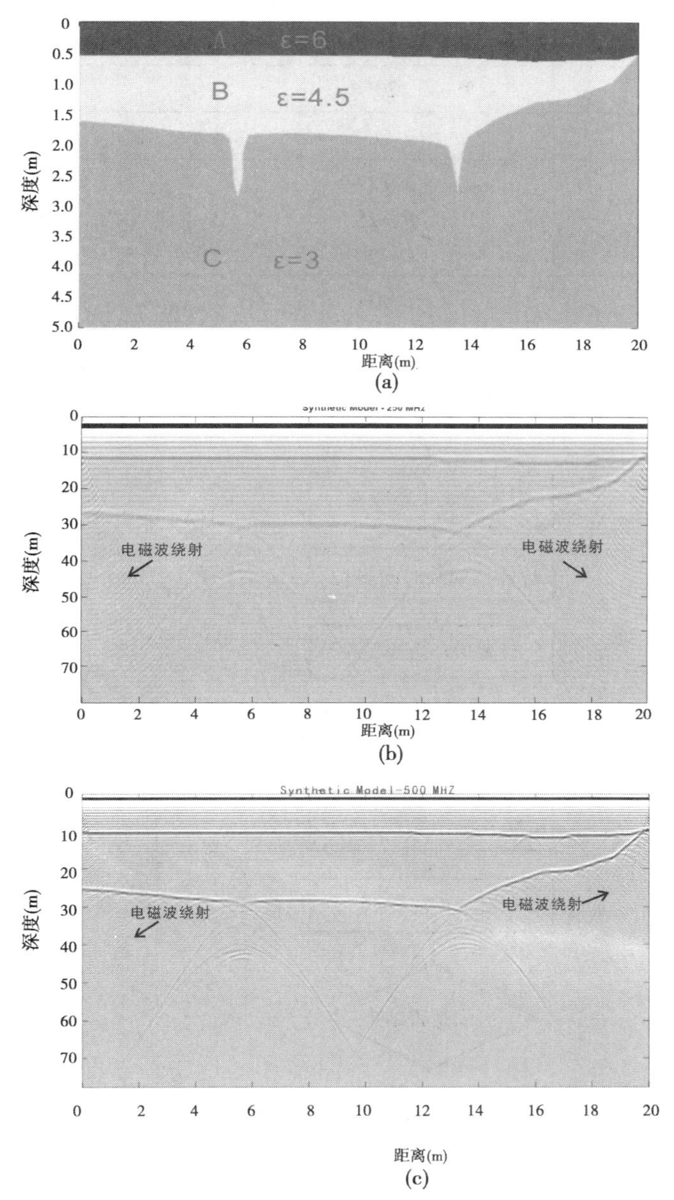

图 5-12　断层数值模型及模拟结果

数值模型建立以后,选择中心频率为 250 MHz 和 500 MHz 的探地雷达天线分别对数值模型进行 FDTD 模拟,数值模拟流程如图 5-13 所示。利用不同中心频率的探地雷达天线对断层的数值模型进行模拟,通过对正演模拟后的不同频率天线的探地雷达图像的对比分析,总结出断层在探地雷达图像上的雷达波响应特征,作为断层在探地雷达图像上识别和判定的依据。

表 5-2　断层正演模拟参数设置

项目	不同天线频率的参数	
	250 MHz	500 MHz
水平距离(m)	20	20
深度(m)	5	5
相对介电常数 ε	$A=27$ $B=25$ $C=20$	$A=27$ $B=25$ $C=20$
电阻率(Ω·m)	3 000	3 000
磁导率 μ_r	1	1

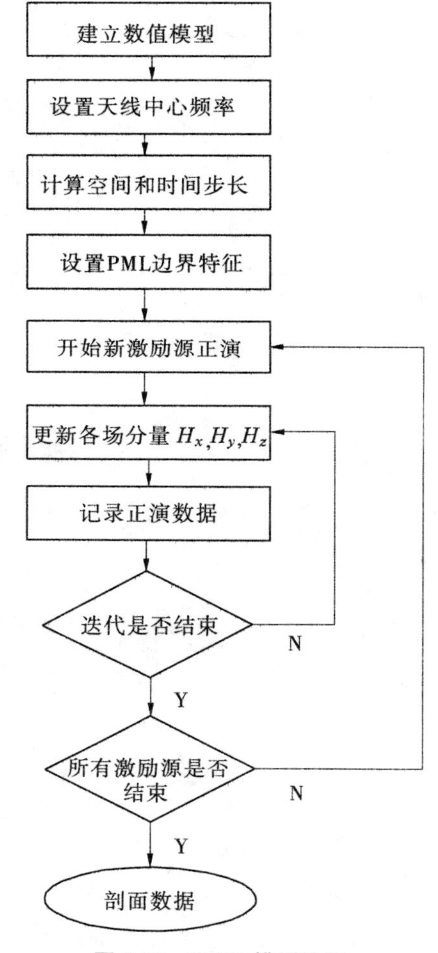

图 5-13　FDTD 模拟流程

图 5-12(b)和图 5-12(c)分别是 250 MHz 和 500 MHz 频率天线模拟的时间剖面图。通过两幅图像对比可以看出,由于不同介质层之间介电常数的差异,图像上最明显的现象

是两个水平连续反射同相轴,分别代表不同层位的分界面。当探地雷达天线经过断层时,连续的层位反射发生了中断,并在断层的两侧伴有双曲线绕射现象,这是由于断层中介质结构和组分的变化,使断层内的介电常数与周围介质的介电常数存在较大差别。另外,由于数据模型的边缘效应,在模拟图像开始和结束的位置产生了许多电磁波绕射现象,如图5-12箭头所示。从模拟图像上可以得出,*A*、*B* 层分界面处雷达波反射强度远远大于 *B*、*C* 层分界面处的反射强度。这是因为电磁波在传播的过程中,能量会发生散射和衰减,反射波的强度随探测深度的增加而减小。500 MHz 天线的模拟图像比 250 MHz 天线的模拟图像具有更高的分辨率,可以将剖面图上一些细微的电磁波现象清晰地反映出来。

利用探地雷达探测断层地下浅层结构时,由于介电常数和电导率存在差异,电磁波在不同层位之间的交界面处会产生明显反射,连续层位的雷达波响应特征为连续的电磁波反射。一般情况下,浅层层位电磁波连续同相轴的反射强度较大,深部层位的电磁波连续同相轴的反射强度较弱。断裂带内或断层面附近介质与周围介质的结构和组分存在较大差异,当探地雷达天线经过活断层区域时,雷达图像上的电磁波特征会发生明显变化。结合相关研究成果,断层在探地雷达图像上的电磁波响应特征主要表现为:①连续的电磁波反射波发生中断或错断;②断层面两侧存在电磁波双曲线绕射或多次波反射现象;③电磁波反射波的能量强弱、波形特征发生明显变化。以上特征可直接用于探地雷达图像的解译,作为判定断层存在的理论依据。

5.4 探地雷达图像三维成像技术

探地雷达采集的数据是沿测线方向的二维图像,即水平方向和竖直方向上成一定比例的二维时间剖面图。经过数据处理后,根据电磁波的波形、强度、频率等进一步分析地下浅层结构的空间位置、形态及分布,从而实现对地下浅层结构的有效探测。但在断层地下结构比较复杂的区域,时间剖面图只能将测量区域内某一位置处的二维剖面展示出来,很难从整体上识别断层地下结构,也无法确定地下目标体的空间位置、几何形状及与其他目标之间的空间关系。针对断层地下结构比较复杂的区域,在二维时间剖面的基础上,采用高频率天线以等距离的采样间隔采集多道平行的二维剖面,通过后期插值算法实现探地雷达数据的三维显示,将浅层结构以三维图像形式表示出来。为更清晰反映不同深度的地下浅层结构,可采用水平切片技术实现不同深度 GPR 剖面显示,从而将不同深度的地下目标体的空间位置和关系表达出来。三维图像和水平切片技术降低了断层在地下结构比较复杂区域内的解译难度,提高了断层解译的准确性。

5.4.1 三维图像

相对于二维剖面图,地下三维图像将活断层地下浅层结构更形象、直观地展示出来,断层构造形态也更加确切,从而为活断层三维建模提供精确的数据支持。由于受硬件水平限制,目前大多数探地雷达数据的三维可视化显示方式是在获取多道等距离二维剖面的基础上,选择合适的插值算法形成的。

在多道等距离二维剖面的基础上实现整个测量区域内的三维显示,实际上就是选择合适的插值方法将两个二维剖面之间数据插值出来，以达到接近真实空间数据的最佳效果。本书在实现探地雷达与GPS数据精确融合的基础上，采用空间插值方法以离散点的形式来实现探地雷达数据的三维显示，具体的流程如图5-14所示。首先，将探地雷达数据与GPS数据进行融合，将探地雷达二维图像转换为离散点(x,y,z,强度值)的形式，为保证插值后的效果，数据插值前，通过数据编辑统一所有二维剖面的起始位置和结束位置；然后，选择合适的空间插值方法依次对两个二维剖面之间数据进行插值，从而得到整个区域内的三维图像；最后，将三维图像在显示软件中进行显示。利用此方法实现探地雷达的三维图像过程比较简单，其基本的数据形式为离散点，这为后期利用水平切片技术分析不同深度的结构提供了数据基础。探地雷达三维图像如图5-15。

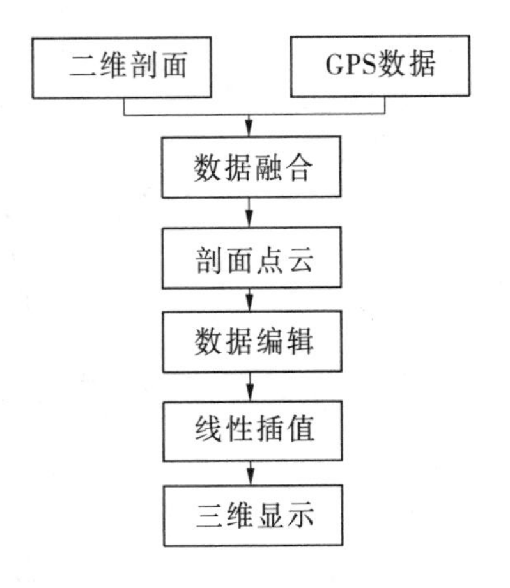

图5-14　三维空间数据可视化流程

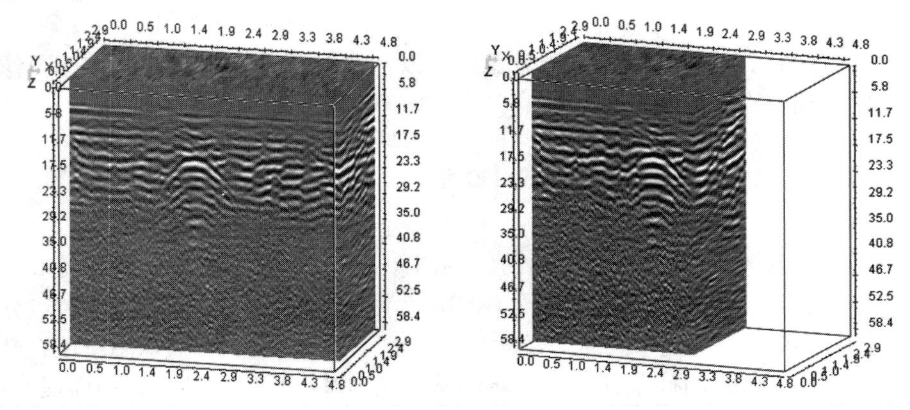

图5-15　探地雷达图像三维绘制效果图

5.4.2　水平切片

获取探地雷达三维图像后，为了将不同深度的地下浅层结构更清晰地表示出来，可采用水平切片技术将探地雷达三维数据中某一深度的所有道数据的振幅值提取出来，按其空间位置显示出来。设探地雷达三维数据体中每个采样点数据可用下式表示

$$A_{(i,j,k)} = (x_i, y_j, z_k) \tag{5-25}$$

式中，x为二维剖面的测线方向，即二维时间剖面的走向；y为多个平行二维剖面的走向；z为电磁波到达地下目标体的距离；i,j,k均为整数。

探地雷达三维数据体中的每道数据可表示如下

$$A_i = (x_i, y_j, z_i) \tag{5-26}$$

过点$x = x_i$沿y方向的垂直剖面内的道信息为

$$A_{x=x_i} = (x_i, y, z_i) \tag{5-27}$$

过点 $y = y_i$ 沿 x 方向的垂直剖面内的道信息为

$$A_{y=y_i} = (x, y_i, z_i) \tag{5-28}$$

某一深度在水平面上的各点信息组成的水平切片可表示为

$$A_{z=z_k} = (x, y, z_k) \tag{5-29}$$

水平切片是采用一个水平面去切三维数据体得出的某一时刻的各道信息的离散采样点的集合。要依据采样点的振幅大小绘制灰度图或彩色图,一般情况下是通过合适的插值算法实现的。探地雷达反射波的强弱可通过灰度图和彩色图像表示出来,然后依据振幅的变化情况来判断图像上的异常区域。探地雷达的三维数据体可获取任意深度处的水平切片,但在实际的应用中常选择距离间隔相等的切片组,根据不同时刻的切片上反射波强弱情况来判断出地下浅层结构随探测深度的动态变化。图 5-16 为一组不同时刻水平切片组,通过切片可以看出地下异常区随深度的变化情况。

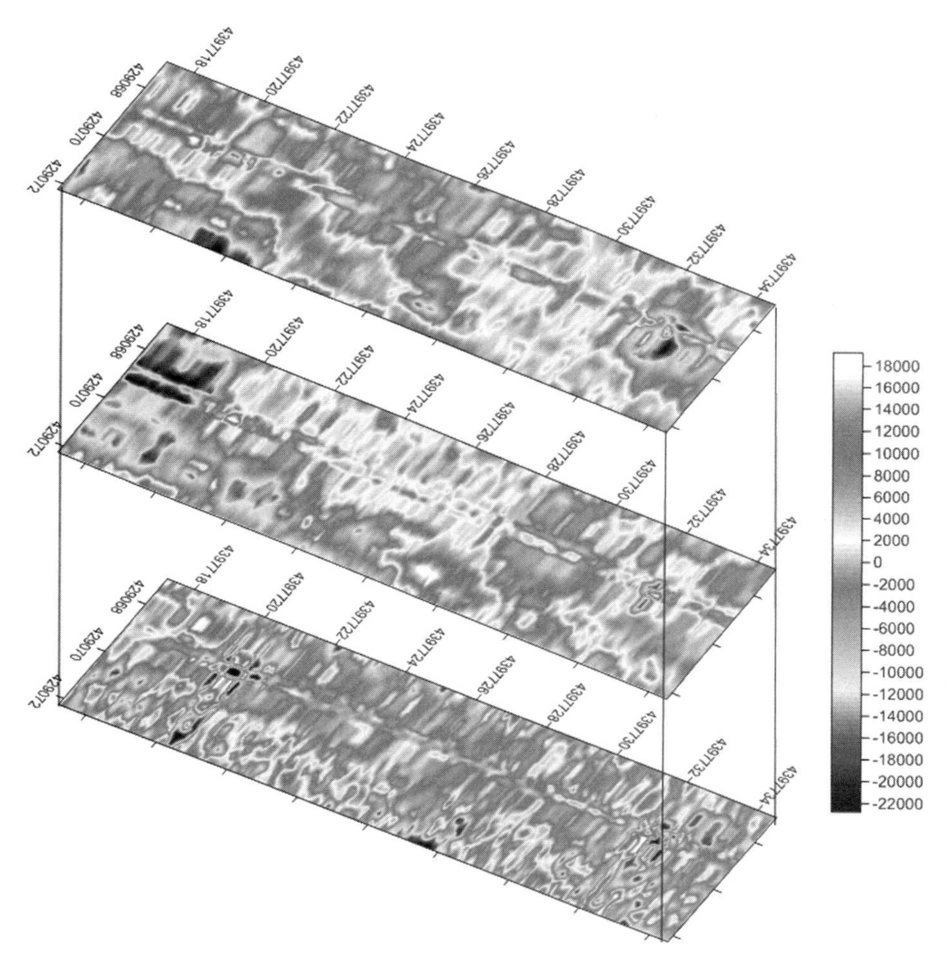

图 5-16　不同深度的水平切片

第 6 章　综合地面激光与探地雷达的活断层探测方法

研究表明，地面激光雷达和探地雷达在活断层探测领域展现出了巨大的技术优势和应用潜力，其可行性与有效性已得到国内外学者的广泛验证。然而，在活断层探测中，地面激光雷达和探地雷达也具有各自的技术缺陷。地面激光雷达以非接触的测量方式可快速、高效地获取断层微地貌的三维场景，在点云上可直观、形象地识别出厘米级甚至是亚厘米级的微地表变形，但却无法穿透地面识别地下介质分布；而探地雷达天线发射的高频电磁波脉冲则可穿透地面有效探测和识别地下介质分布，然而探测效果与介质间电性差异及分布密切相关，不同区域、不同研究点之间，探地雷达图像上雷达信号差异明显，图像解译专业性较强，解译结果的随机性较大。另外，与地面激光雷达相比，探地雷达在数据采集时易受数据采集区域条件（地形、土壤性质、电磁场干扰等）、系统配置（天线中心频率、道间距、采样频率、天线极化方向等）和测量方式等因素影响，使雷达图像上干扰波较多，这也在不同程度上增加了雷达图像上目标信息识别和解译的难度。

针对地面激光雷达与探地雷达的特点，国内外学者已开展综合两技术探测的理论与方法研究，初步验证了综合两技术探测应用的可能性和有效性，并被广泛应用于考古与文物保护[153]、桥梁检测[154-157]、建筑与道路检测[158,159]等领域。相对地面激光雷达或探地雷达的单传感器探测方法，综合地面激光雷达与探地雷达的活断层探测方法的主要优势包括：①克服单一技术探测的局限性，可同时快速、高效、无损地实现大范围内断层典型微地貌形态和浅层结构的重复性探测，适用范围广；②不同平台、空间分辨率、精度的多源空间数据为断层的多层次、多视觉表达提供了更多的信息，丰富了断层的结构特征；③两异构空间数据融合而优势互补，弥补单一信息源在活断层解译中的局限性，增加反映断层结构特征的信息量，提高活断层的识别和解译精度。

地面激光雷达可获取活断层的高精度的微地貌形态，结合内置或外置的高分辨相机获取的彩色纹理，经过数据融合可实现活断层微地貌的真三维场景的重建，其数据形式主要是离散点云。与地面激光雷达不同，探地雷达主要是根据介质的电性差异（主要是介电常数和电导率）来探测目标体结构，数据形式是二维时间剖面。根据两种传感器的数据采集方式和特点，从以下三个方面论证综合两传感器探测断层的可行性。首先，从两种传感器各自获取空间数据特点的角度，地面激光雷达获取活断层地表微地貌的三维空间数据，探地雷达则获取的是地下浅层结构，综合两技术可同时获取地表和地下浅层空间数据。其次，活断层附近的地下结构往往比较复杂，介质分布不均匀，加之易受地面等外界因素干扰，使探地雷达图像上电磁波的干扰波比较多，而且目前的图像自动解译技术还不完善，仍停留在人为判断阶段，图像解译结果受主观因素影响较大，随机性较大。为提高探地雷达图像解译的准确性，可充分利用地面激光点云中丰富的空间结构、形态特征和光谱特征等空间信息，从整体上提高断层探地雷达信号的定位精度和定量识别的准确性。

最后，根据两种传感器的数据形式，利用数据转换实现地面激光点云和探地雷达数据格式上的统一，进而实现两异构空间数据的一体化显示以促进两数据之间互补解译。

总而言之，地面激光雷达和探地雷达相互应用主要体现在以下两方面：一是利用地面激光点云中丰富的空间结构、形态特征和光谱特征等空间信息来辅助探地雷达图像的解译。二是将地面激光雷达与探地雷达的数据融合，使两者数据显示在同一场景中，通过分析两者数据中的属性信息以实现两者数据互补解译。

6.1 基于地面激光的探地雷达图像的地形校正方法

根据探地雷达技术的特点，电磁波可穿透地面将地下介质分布在二维图像上表示出来。由于电磁波的频率较高、波长较长，几乎不能在地面发生反射，数据采集过程中无法记录地形数据，采集到的图像是以水平零线作为起始线的剖面图，无法将真实地形变化在图像上显示出来。因此，探地雷达图像解译前需进行地形校正，而获取精确的地形数据是地形校正的关键。本书第5章详细介绍了基于差分GPS实现探地雷达图像地形校正的方法，此方法适用于地形视野较开阔、GPS信号良好的区域。本节从地面激光雷达获取的高精度点云出发，基于高精度的DEM提取地形数据，进而实现探地雷达图像地形校正。在实现探地雷达图像地形校正的基础上，着重分析了DEM精度对地形校正效果的影响，并对DEM分辨率与探地雷达图像采集道间距之间的相关性对地形校正效果的影响进行研究。最后，通过基于点云和差分GPS的探地雷达地形校正方法的精度对比，验证了激光点云实现探地雷达图像地形校正的可行性。

6.1.1 GPR测线地形剖面的提取

相对传统测量方法（激光水平仪、全站仪、倾角仪和DGPS等）存在的数据采集频率和采样密度低、信号易遮挡和环境适用差等缺点，地面三维激光扫描仪可深入复杂地质环境中快速、连续地获取大范围内高精度的三维空间数据，为探地雷达图像的地形校正提供精确的地形数据。地面三维激光扫描仪获取的是整个测量区域内的离散点云，而要获得探地雷达测线地形数据，还需从离散点云中提取出沿测线的二维剖面。精确匹配探地雷达图像与二维地形剖面后，依据时间移位原理可实现探地雷达图像的地形校正。

点云呈不规则分布，距激光中心越近的区域，点云密度越大；距激光中心越远的区域，点云密度越低，而且随着距离的增加，同一条激光扫描线上相邻离散点之间的距离也会发生变化。如果从点云上直接提取出探地雷达测线的二维地形剖面，至少存在两方面的技术难点：一是精确提取探地雷达测线的高程数据点，通常是选取二维剖面两侧一定厚度范围内的所有点云都参与计算，这涉及切片厚度的确定方法及切片厚度范围内点云数据的快速分离方法，实现的过程比较烦琐，效率较低。二是相邻离散点云之间距离的不确定性，使提取出来的地形剖面无法与探地雷达图像的道数据进行精确匹配，从点云上直接提取出的二维地形剖面如图6-1（a）所示，二维地形剖面图上的特征点呈不规则分布。基于以上分析，在实际应用中，从点云上直接提取二维地形剖面实现探地雷达图像的地形校正的方法是不可取的。

综合考虑地形校正的实现过程及地形数据与探地雷达图像的配准精度，利用点云构建高精度的 DEM 后，通过提取探地雷达测线的地形剖面的方法来实现探地雷达图像的地形校正。首先，DEM 是高精度的二维曲面，可获取任意位置、任意角度的二维地形剖面。其次，DEM 为统一采样后的格网数据，点与点之间的距离是固定不变的，便于探地雷达图像与地形数据之间的精确匹配，从 DEM 上提取出的二维地形剖面，如图 6-1(b)所示。

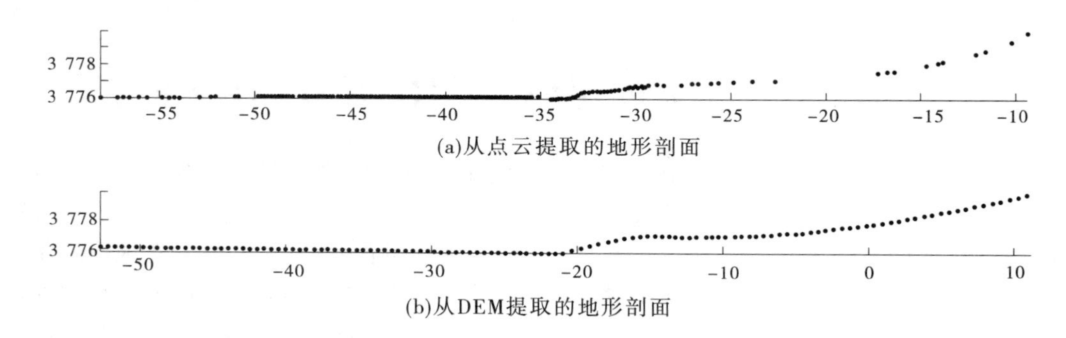

(a)从点云提取的地形剖面

(b)从DEM提取的地形剖面

图 6-1　点云与 DEM 提取出的二维地形剖面

在地面激光扫描仪获取测量区域的精确地形数据之前，应合理规划出探地雷达测线并精确标识开始位置和结束位置，这关系到探地雷达图像与地形数据的精确匹配，在实际应用中常选择在点云中易识别的反光标志或者球形靶球。首先，利用地面激光扫描仪获取高精度的离散点云，设置合适的探地雷达系统采集参数，数据采集过程中应严格保证探地雷达图像的起始点和结束点与标识的起始和结束点相一致。然后，利用离散点云三角构网生成 DEM 后，在 DEM 上根据反光标识确定出探地雷达测线的开始位置和结束位置，以开始和结束两点所在直线的平面截 DEM 曲面的交线即为探地雷达测线的二维地形剖面。最后，根据探地雷达采集时设置的道间距，利用线性插值计算出探地雷达图像上所有道的高程，采用时间移位原理实现探地雷达图像竖直方向上的高度静校正，从而消除地形起伏对探地雷达图像的畸变效应。

为验证基于地面激光的探地雷达图像地形校正方法的可行性和有效性，选择理塘活动断裂上奔戈处为实验点(东经 100. 18°，北纬 29. 52°)，整体地貌概况如图 6-2 所示，此位置处存在明显的地表变形，初步判断为活断层经过的区域。利用地面三维激光扫描仪和探地雷达采集数据，其中图 6-3(a)为彩色点云，图 6-3(b)为三角构网后生成的 DEM，图上虚线表示探地雷达图像的测线方向。从 DEM 上提取的探地雷达二维地形剖面如图 6-4 所示，可看出地形数据的最大高程变化为 2 m 左右。结合探地雷达图像采集的道间距(10 cm)，精确匹配探地雷达图像道数据与地形数据后实现探地雷达图像的地形校正，地形校正前和地形校正后的探地雷达图像如图 6-5 所示，校正后的探地雷达图像消除地形起伏对探地雷达图像的畸变效应，将沿测线的地形变化在探地雷达图像上真实表现出来，实验效果验证了可基于高精度 DEM 提取的二维地形剖面实现探地雷达图像地形校正方法的可行性和有效性。

图 6-2　实验点地貌概况

(a) 滤波后的激光点云

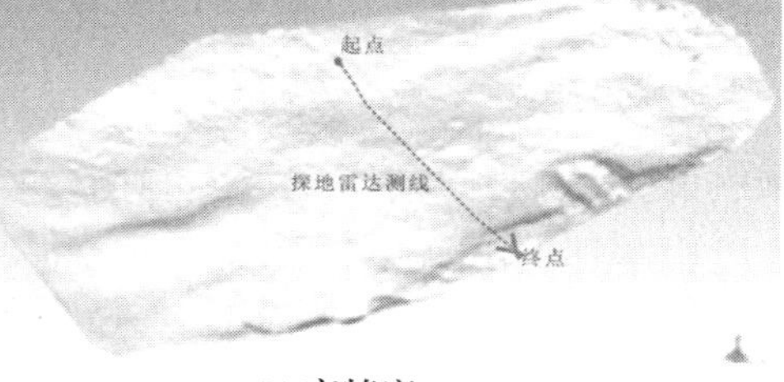

(b) 高精度 DEM

图 6-3　彩色激光点云和 DEM

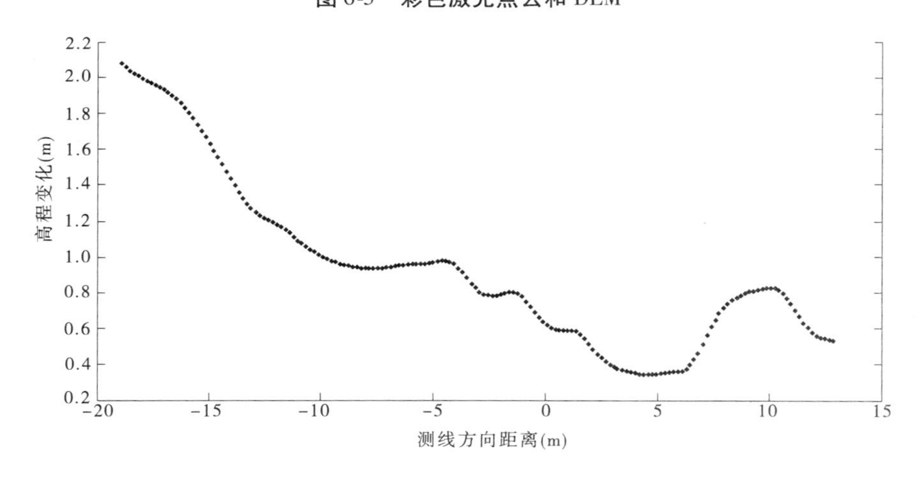

图 6-4　从 DEM 提取的二维地形剖面

6.1.2　不同分辨率 DEM 的地形校正效果对比

高精度的地形数据是实现探地雷达图像地形校正的关键，若采集的地形数据与实际地形数据之间存在较大误差，那么测量区域内的地形就无法在探地雷达图像上真实地表

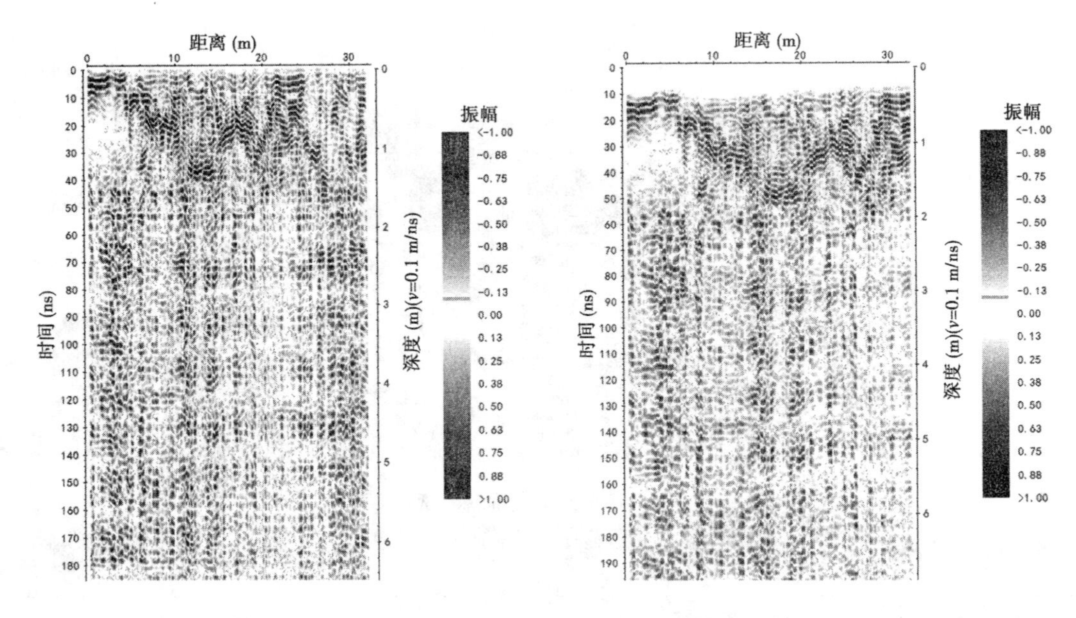

图 6-5　地形校正前与地形校正后的探地雷达图像

现出来,这将进一步影响探地雷达图像的解译和地下浅层结构的精确定位。在利用离散点云构建 DEM 过程中,往往会根据不同的应用需求选择合适的 DEM 分辨率,在满足数据精度要求的同时 DEM 分辨率的选择,不仅可提高数据处理的效率,也可在一定程度上减少工作量。例如,在文物保护的应用研究中为了描述文物表面高精度的几何结构和纹理信息,需要建立高分辨率的 DEM,而在地质应用中,对 DEM 分辨率的要求则相对较低。

利用点云构建 DEM 的过程中,往往会根据不同的应用需求选择合适的采样间隔,使生成 DEM 的分辨率不同,而不同分辨率 DEM 提取出的地形数据直接影响雷达图像地形校正的效果。为验证不同分辨率 DEM 对探地雷达图像地形校正效果的影响,利用激光点云分别构建分辨率为 0.02 m、0.05 m、0.1 m、0.2 m 和 0.3 m 的 DEM,提取出的地形剖面如图 6-6 所示。对提取出的地形剖面进行对比,可以发现 DEM 分辨率越高,其提取出沿测线的地形数据的密度越大,不仅包含沿测线地形变化的整体形态,也能将微小地形变化信息揭示出来;而从分辨率较低的 DEM 中提取出的地形数据,其密度相对较小,基本上可以将沿测线的地形整体变化形态表示出来,但对于一些微小的地形起伏变化则无法很好的显示,尤其在地形发生急剧突变区域。利用 DEM 提取出的地形剖面实现探地雷达图像地形校正,地形数据越精确,即对 DEM 的精度要求越高,校正后的探地雷达图像与真实的情况越一致,如图 6-7 所示。但在实际的应用中,DEM 的精度要求并不是越高越好,在保证地形数据精度的前提下,基于后期计算效率,还需综合考虑探地雷达道间距以选择合适分辨率的 DEM,即探地雷达道间距与不同精度 DEM 之间的相关性。

6.1.3　最佳 DEM 分辨率选择

为分析探地雷达道间距与不同精度 DEM 之间的相关性,从 DEM 上提取出地形剖面从而使探地雷达地形校正效果达到最佳。以中心频率为 250 MHz 的天线获取的探地雷

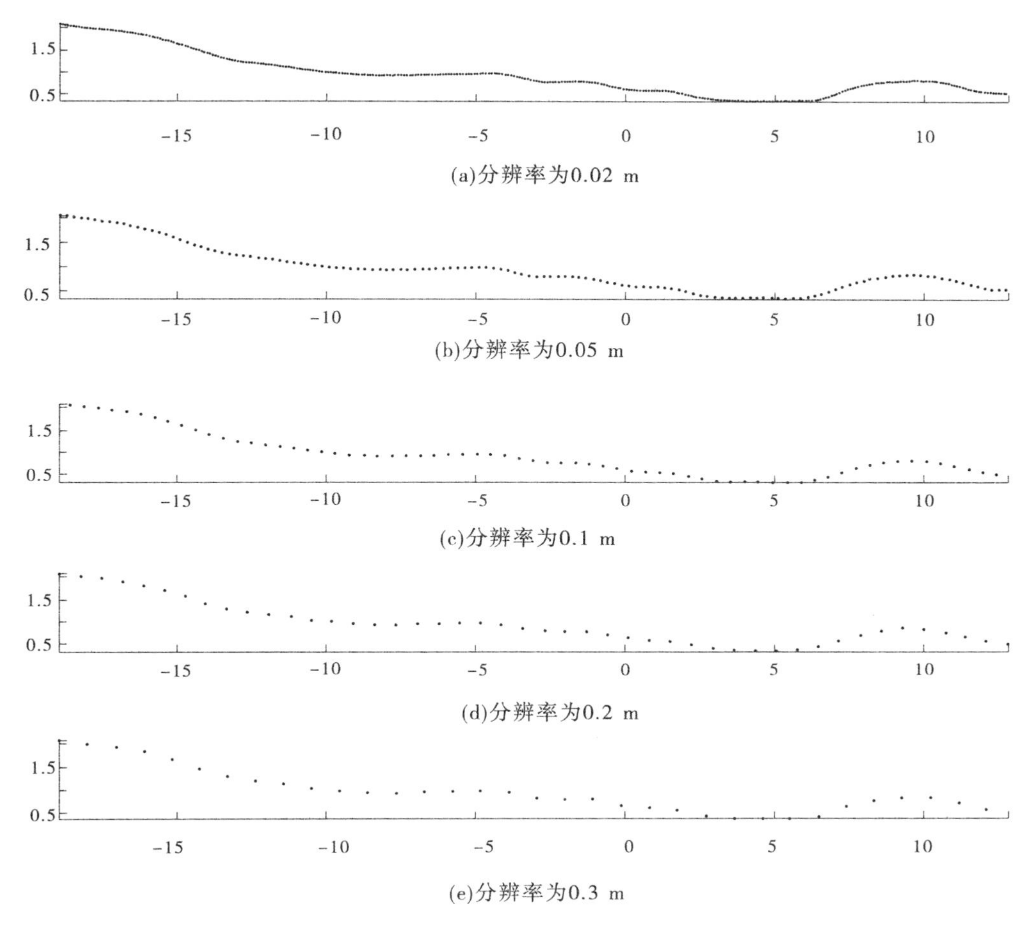

(a)分辨率为0.02 m

(b)分辨率为0.05 m

(c)分辨率为0.1 m

(d)分辨率为0.2 m

(e)分辨率为0.3 m

图 6-6 不同分辨率 DEM 提取的二维地形剖面

达图像研究对象,其道间距为 0.1 m。在利用不同分辨率 DEM 提取地形数据基础上,采用差分 GPS 同时获取了沿测线地形数据。并以 GPS 获取的地形数据为标准。由于探地雷达采集数据道间距为 0.1 m,因此选择分辨率为 0.02 m、0.05 m、0.1 m、0.2 m、0.3 m 和 0.4 m 的 DEM 生成的地形数据分别与其对比,通过式(6-1)可以计算出不同分辨率 DEM 生成的地形数据相对于差分 GPS 数据的标准差,以此判断提取地形数据的精度。

$$S = \sqrt{\frac{\sum_{i=1}^{N}(x_i - \bar{x})^2}{n}} \tag{6-1}$$

式中,x_i 为 DEM 生成地形数据与差分 GPS 地形数据的差值;$\bar{x}$ 为 DEM 生成地形数据与差分 GPS 地形数据的差值的期望值;n 为整数,代表离散点的个数。

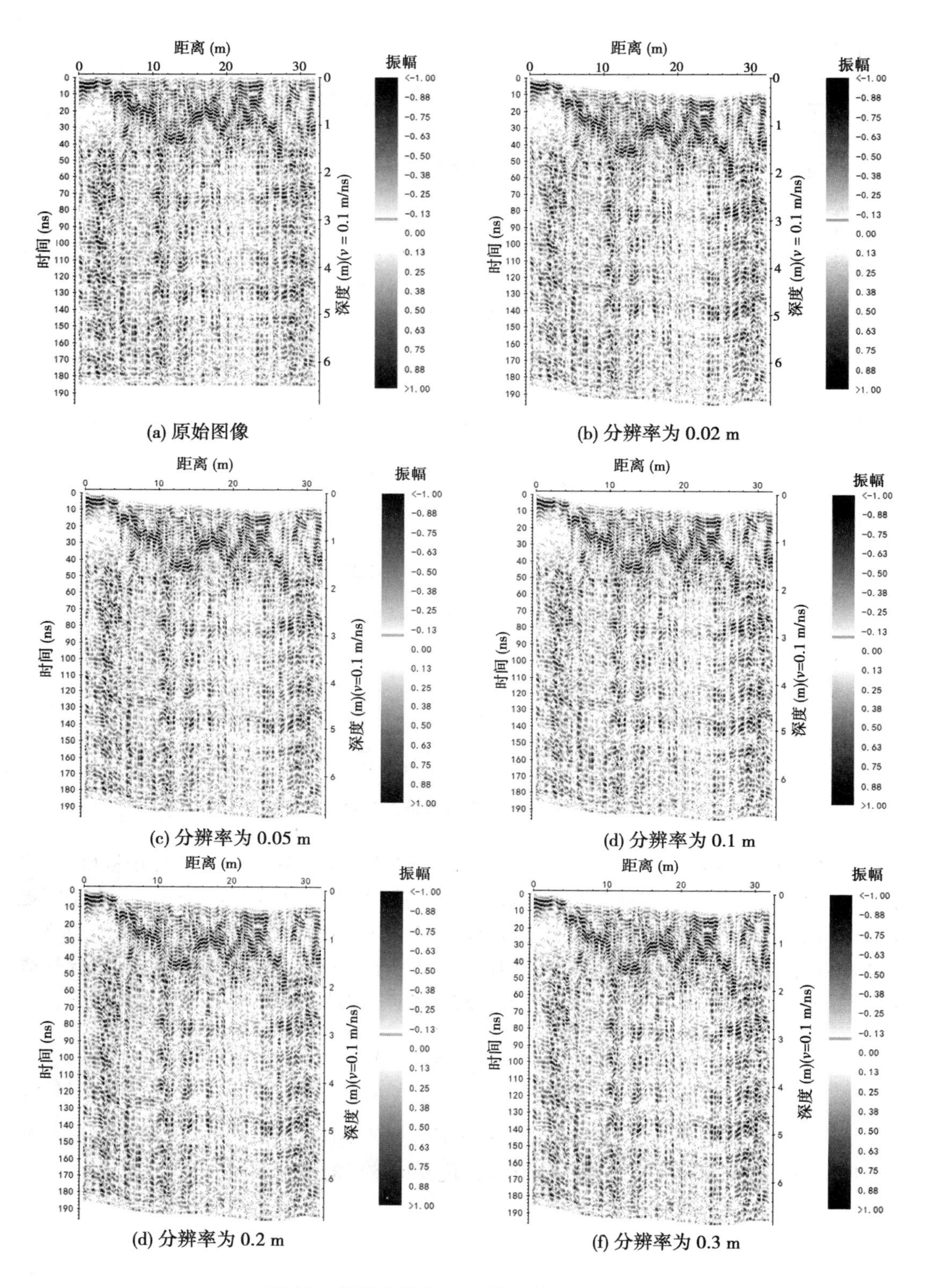

图 6-7　不同分辨率 DEM 地形校正后的图像

分辨率为0.02 m、0.05 m、0.1 m、0.2 m、0.3 m和0.4 m的DEM生成的地形数据相对于差分GPS数据的标准差如图6-8所示。从图上可以看出,DEM分辨率越高,其标准差越小,表明地形数据的精度越高,即探地雷达图像地形校正的效果越好。随着DEM分辨率的降低,标准差总体呈逐渐增加的趋势,即地形数据精度降低,在DEM分辨率为0.2 m时出现较大波动。通过总体分析,当DEM的分辨率分别为0.020 m和0.050 m时,其标准差与分辨率为0.1 m时的标准差相差较小,表明三种分辨率DEM下提取出的地形数据的精度基本相当,地形校正的效果基本一致。通过实验分析,综合考虑后期计算及数据利用效率因素,当DEM的分辨率与探地雷达数据采集道间距的距离相一致时,基于地面激光点云的探地雷达图像地形校正效果最佳。

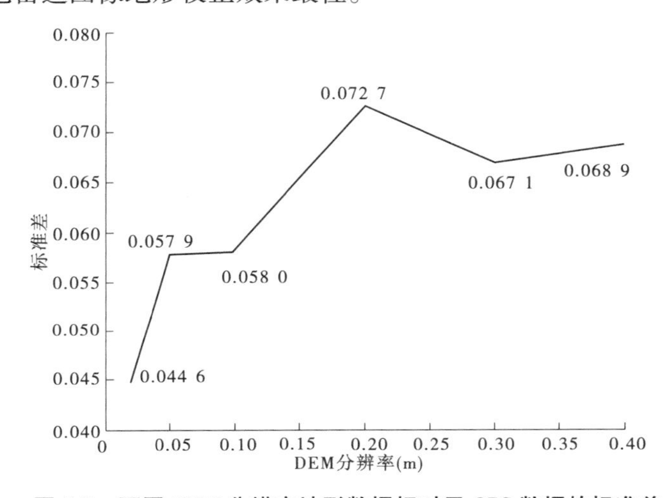

图6-8　不同DEM分辨率地形数据相对于GPS数据的标准差

6.2　基于激光点云的探地雷达图像的数值模拟方法

由于地质构造比较复杂,加之数据采集过程中外界环境产生的干扰波,探地雷达图像解译存在一定难度。正演模拟是深入认识和理解电磁波在地下介质中传播规律,认识雷达波响应特征的有效方法,而数值几何模型的精确建立是探地雷达图像正演模拟的前提和关键。本节研究的主要内容是在采用地面激光三维扫描仪获取探槽剖面的基础上,利用探槽剖面的正射影像建立精确的数值几何模型后,数值模拟出断层的雷达波响应特征,进而辅助实测雷达图像的解译。

6.2.1　探槽剖面记录方式

活动构造研究中,探槽是揭示隐藏于地下浅层的古地震活动迹象的最有效方法,可将该区域内历史上发生过的地震事件直观、形象地表现出来。通过探槽剖面上记录的古地震事件,一方面可建立其强震重复模型,评价长时间范围内强震重复规律,为未来地震的危险性预测评估提供重要的理论支持;另一方面通过探槽剖面的精细化测量可获取活断层的重要参数,这对活断层分段、强度对比及动力学研究等具有重要的意义[160,161]。经过近几十年的发展，探槽在地质调查上的应用相对成熟，从探槽位置的选定，设计开挖、探测记录到采集年龄样品都有标准的工作流程。

探槽剖面的精细化绘制是研究古地震的重要环节，目前探槽剖面的记录方式多以人工绘制为主，在清理探槽剖面后利用罗盘和铅重锤建立参考网格，以保证剖面上的古地震信息是详细客观的记录，如图 6-9 所示。此方法存在工作量大、效率低和信息量少等特点。除人工记录方式外，随着测绘科学技术的不断发展，探槽剖面记录方式不断向着精细化和科学化发展，全站仪和近景摄影方法等被广泛应用于探槽剖面的记录，其中以近景摄影测量技术应用最为广泛。采用数码相机或全景相机采集探槽剖面的高分辨率影像，经过后处理软件将影像拼接，并按照一定比例尺显示后可直接在图像上进行各项要素的矢量化的提取和绘制。与人工记录方式相比，此数据采集方式效率较高、工作量较小，可将探槽剖面上的层位及地震标志更直观地展示出来，但易受记录者专业操作水平影响，绘制出的探槽剖面精度无法保证。

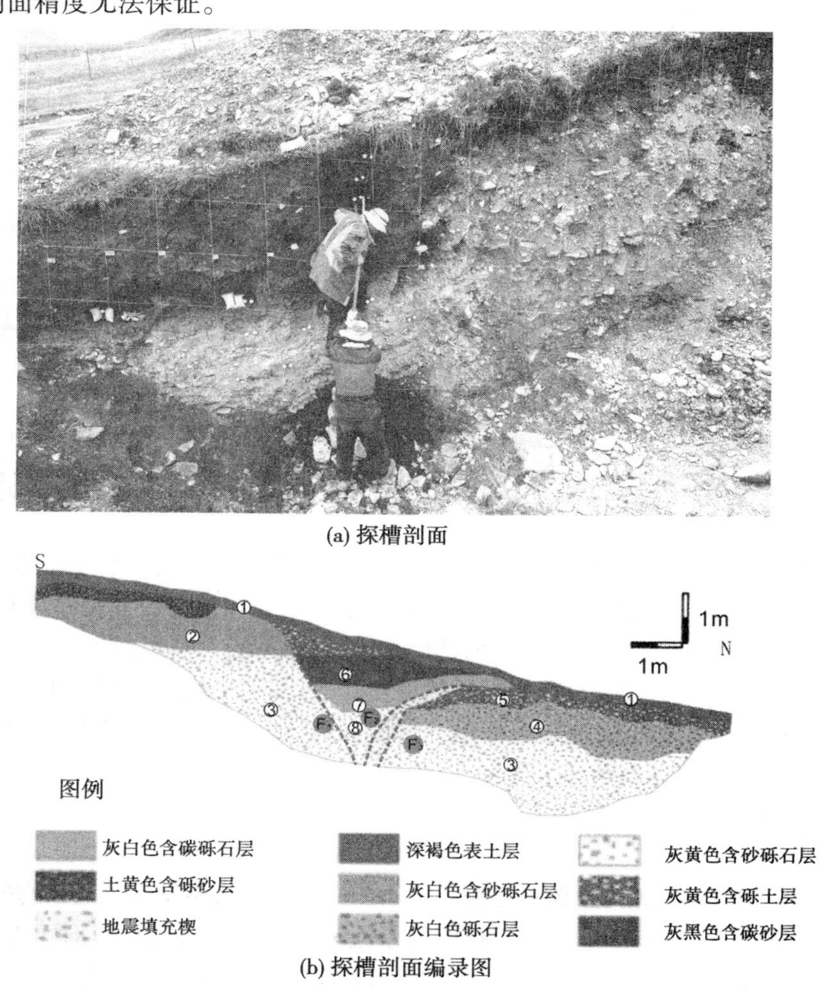

(a) 探槽剖面

(b) 探槽剖面编录图

图 6-9　人工记录的探槽剖面及剖面编录图

相对数值几何模型的常规获取方法（如方格绘图纸现场素描、数码照相技术等）普遍存在的局部形态变形、制图定位不精确、遗漏信息等技术缺陷，地面三维激光扫描仪可快速、高效地获取探槽剖面的高分辨率富含大量物理特性的真彩色点云，从而实现对探槽剖面的数字化完整记录和保存，不仅能真实记录下剖面上所有的信息，而且其精度较高，在此基础上可精确测量不同层位错动量、断层的倾角等参数。

利用地面三维激光扫描仪获取探槽剖面属于小范围的、丰富场景的扫描，数据采集时对分辨率的要求较高。利用地面三维激光扫描仪获取断层剖面的步骤如下：首先，选择合适位置安置地面三维激光扫描仪，设置扫描参数后对整个扫描区进行预扫描；然后，根据探槽宽度在预扫描全景图上设置精细扫描区域，采集探槽剖面高分辨率的点云，同时数据采集过程中利用内置的数码相机同步获取探槽的彩色纹理；最后，通过地面三维激光扫描仪后处理软件完成不同站点点云之间的拼接及点云与高分辨影像之间的融合。图 6-10(a)为某探槽，以河流冲积的露头修葺而成，地貌上存在明显的山脊位错和冲洪积扇位错，地表存在明显的地表破裂，在探槽剖面上存在明显断层陡坎和地震填充楔、层位错动等标志。采用地面三维激光扫描仪获取的探槽剖面的真三维彩色点云如图 6-10(b)所示。

6.2.2 基于点云的探槽剖面数值模型的建立

由于地质构造比较复杂且介质分布不均匀，加之电磁波在介质传播过程中的能量衰减及外界环境的干扰，使二维时间剖面图中的电磁波特征比较复杂，并伴有多次反射波、信号振铃和电磁波绕射等现象，很大程度上影响了探地雷达图像上有效信号的识别和判读。为了减少外界环境对电磁波的干扰，提高探地雷达图像解译的准确性，数值分析方法被广泛应用于探地雷达图像解译[162]。其方法是在建立数值模型后，采用计算机以离散差分的形式在时间和空间上实现电磁波在地下介质中传播路径的模拟。数值分析方法为研究高频电磁波在介质中传播规律提供了有效途径，不仅可加深对实测雷达图像上的雷达波响应特征的认识，积累探地雷达图像的解译经验，还可以在很大程度上提高探测效果和图像判读的准确性。探地雷达图像的数值模拟方法较多，但以时间域有限差分法应用最为广泛。相对其他的数值模拟方法，时间域有限差分法的网格剖分简单，模拟过程比较容易且模拟结果直观，可将电磁波多次反射和绕射等现象在模拟图像上显示出来[163]。因此，时间域有限差分法是深入认识和理解电磁波在地下介质中传播规律，解译雷达波响应特征的有效方法，而数值几何模型的精确建立是探地雷达图像正演模拟的前提和关键。

地面三维激光扫描仪采集的数据为离散三维点云，在点云上无法直接绘制剖面的几何结构。根据点云特点，可利用点云生成的正射影像来绘制探槽剖面的几何结构，从而建立起精确的数值几何模型。具体方法是利用高精度点云构建探槽剖面的真三维模型，将内置相机或外置相机获取的高精度数字影像与三维模型进行融合生成彩色的真三维模型，经平面投影生成正射影像，提取精确几何参数并结合相应介质的物性参数（介电常数和电导率）建立探测对象数值模型后，进行雷达波响应特征的正演模拟。基于点云的探槽剖面数值模型的基本流程如图 6-11 所示。

利用点云建立探槽剖面数值模型的过程中，如果内置相机的分辨率不够高，需借助高

(a)

(b)

图 6-10　探槽剖面彩色点云

分辨率的数码相机获取影像，外置相机获取数字影像时镜头必须与探槽剖面的立面平行，这样才能保证制作正射影像上各个位置的像素尽可能与原始影像的像素一致，避免数字影像上的变形较大。三角网模型与数字影像的配准是基于摄影测量学中共线方程实现的[164,165]。在三角网模型和高分辨率数字照片上分别选取多组同名点进行纹理配准，可得到照片的内外方位元素和系统误差改正数，从而对整个图像进行纹理映射，完成三角网模型的颜色赋值，结果如图 6-12 所示。其中，图 6-12(a)为探槽剖面三角构网后的模型，图 6-12(b)为真彩色三角网模型。

根据探槽剖面的正射影像，可将探槽剖面的精细影像和准确尺寸表示出来。将正射影像导入 CAD 软件中定比例后，矢量化正射影像以提取出探槽剖面上精细的几何结构，如图 6-13 所示。其中，图 6-13(a)为探槽剖面的正射影像，图 6-13(b)为从探槽剖面上提取出的几何结构。

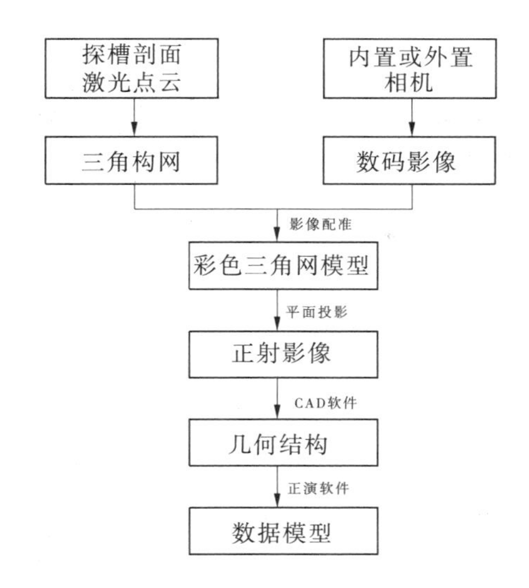

图 6-11　基于点云的探槽剖面数值模型建立方法

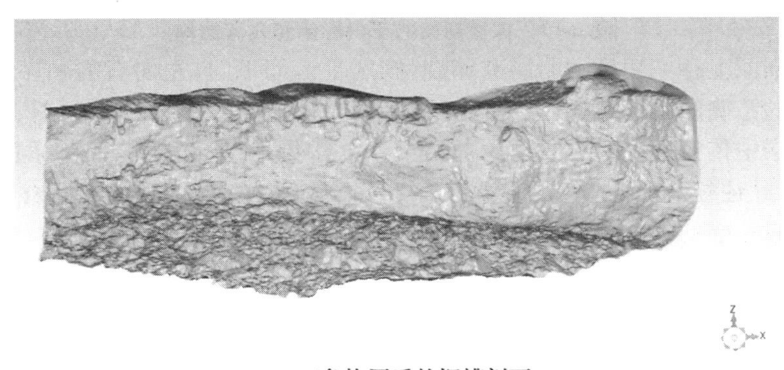

(a) 三角构网后的探槽剖面

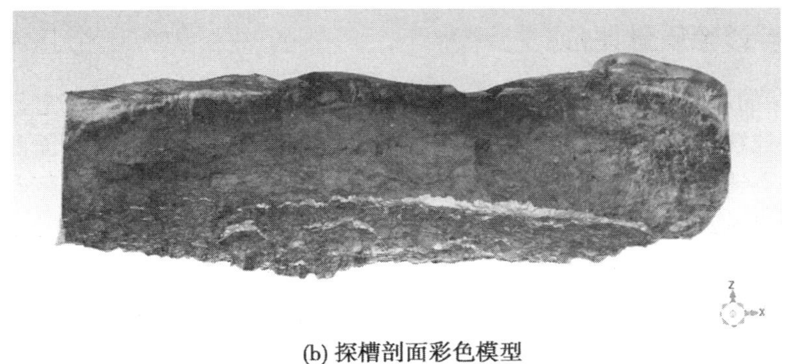

(b) 探槽剖面彩色模型

图 6-12　探槽的三角构网模型和彩色三角网模型

(a) 探槽剖面的正射影像

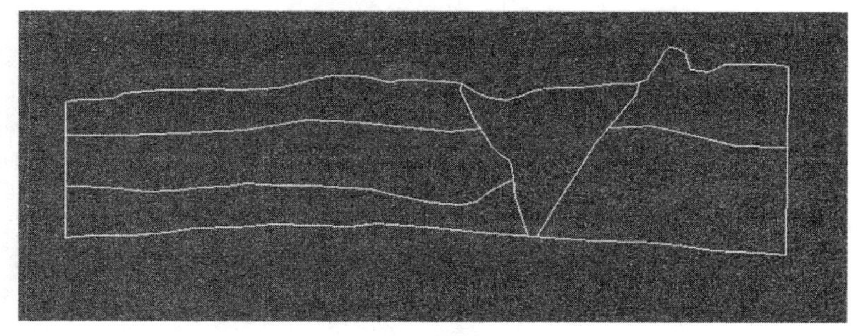

(b) 几何结构

图 6-13　探槽剖面的正射影像和几何结构

在探槽剖面上存在明显的断层破碎带,按照自上而下、自左向右的顺序分为四层,通过探槽剖面的精确的几何结构可量测出不同层位的深度值,依据式(6-2)可计算出电磁波在每个介质层中传播速度和介质层位的相对介电常数,由于磁导率一般对电磁波传播的影响较小,因此往往忽略不计,其值设定为 1,介质的电阻率设定为3 000 Ω · m。根据已知探槽建立其断层的数值模型如图 6-14 所示,其参数如表 6-1 所示。

$$
\begin{aligned}
h &= \frac{1}{2}vt \\
v &= \frac{c}{\sqrt{\varepsilon}}
\end{aligned}
\tag{6-2}
$$

6.2.3　正射影像质量评价

正射影像的质量直接决定了探槽剖面正演模型建立的精度。为判定正射影像的质量,采用直接的统计方式来验证正射影像的精度,具体方法为:以探槽剖面的激光点云模型为标准,在点云模型上和制作好的正射影像上分别均匀选取 15 对特征点进行精度比较,其结果如表 6-2 所示。由表中的统计数据可知,x 方向上最大差值为 2.6 cm,最小差值为 0.51 cm,一般在 2 cm 范围内;y 方向上最大差值为 1.69 cm,最小差值为 0.14 cm,大部分在 1 cm 范围内。通过该方法生成的正射影像可以满足探槽剖面正演模型建立的精度要求。

表 6-1 断层正演模拟参数设置

项目	不同天线中心频率的参数	
	250 MHz	500 MHz
水平距离(m)	6	6
深度(m)	1	1
相对介电常数 ε	$A=35$ $B=27$ $C=20$ $D=33$ $E=30$	$A=35$ $B=27$ $C=20$ $D=33$ $E=30$
电阻率($\Omega\cdot$m)	3 000	3 000
磁导率 μ_r	1	1

表 6-2 正射图像精度统计表 (单位:m)

点号	原始点云		正射影像		差值	
	x 方向	y 方向	x 方向	y 方向	Δx	Δy
1	0.968 7	0.787 5	0.963 6	0.785 3	0.005 1	0.002 2
2	0.888 2	0.549 3	0.871 2	0.558 7	0.017	-0.009 4
3	1.391 4	0.808 1	1.376 6	0.810 2	0.014 8	-0.002 1
4	1.420 6	0.499 8	1.407 3	0.501 2	0.013 3	-0.001 4
5	1.908 7	0.815 7	1.899 6	0.819 8	0.009 1	-0.004 1
6	2.019 3	0.461 6	2.003 6	0.472 8	0.015 7	-0.011 2
7	2.525 7	0.815 8	2.501 7	0.823 4	0.024	-0.007 6
8	2.517 5	0.343 4	2.496	0.338 9	0.021 5	0.004 5
9	3.078 1	0.738 5	3.067 4	0.733 8	0.010 7	0.004 7
10	3.145 2	0.287 5	3.136 4	0.283 7	0.008 8	0.003 8
11	3.914 5	0.735 3	3.902 3	0.727 8	0.012 2	0.007 5
12	4.157 6	0.300 8	4.138 9	0.289 8	0.018 7	0.011
13	4.809 0	0.838 1	4.783	0.827 5	0.026	0.010 6
14	4.585 4	0.354 8	4.567 8	0.344 3	0.017 6	0.010 5
15	4.715 1	0.006 7	4.693 2	0.023 6	0.021 9	-0.016 9

$$\sigma_x = \sqrt{\frac{\sum_{i=1}^{n}(x_i - \bar{x})^2}{n}} = 0.016\,9$$

$$\sigma_y = \sqrt{\frac{\sum_{i=1}^{n}(y_i - \bar{y})^2}{n}} = 0.009\,6 \tag{6-3}$$

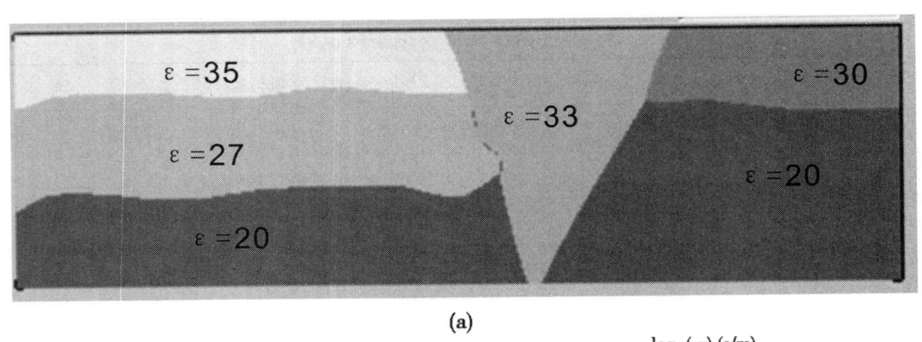

(a)

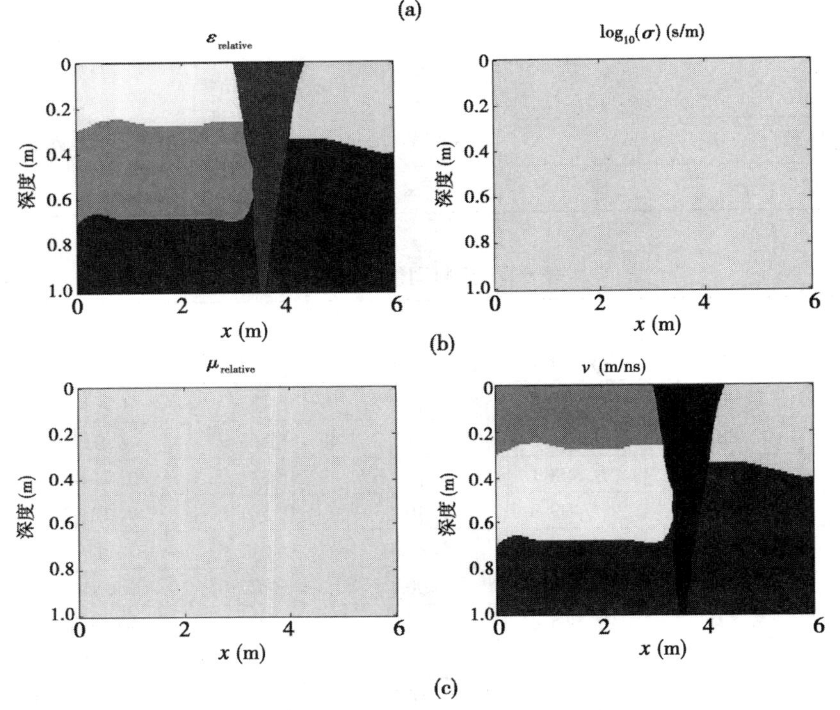

图 6-14　探槽剖面的数值模型

6.2.4　模拟结果及图像解译

探槽剖面的数值模型建立后，利用 FDTD 方法选择 250 MHz 和 500 MHz 天线参数进行仿真模拟，模拟结果如图 6-15(a)、(b)所示。图像上竖直方向 12 ns、15 ns 和 25 ns 处存在连续的时间同相轴，分别代表不同介质层之间的电磁波交界面。水平距离 3 ~ 4 m 处电磁波反射波能量较大，且呈三角形状，初步判断为呈楔状的主断层区。断层区域的两端存在双曲线状的反射波，自表面至深部断层区与介质层的交界处伴有多次反射现象，但反射波能量比异常区两端的电磁波能量较弱，但基本上可将主断层的几何形态表现出来。由于断层区上部层位电磁波反射波的影响和两边界面处的多次反射，电磁波传播路径受到“遮挡”，电磁波无法穿透断层区深部以实现异常结构的有效探测，因此断层区深部的电磁波异常现象是两交界面多次反射叠加的结果，反射波的交界处的位置并不能代表断

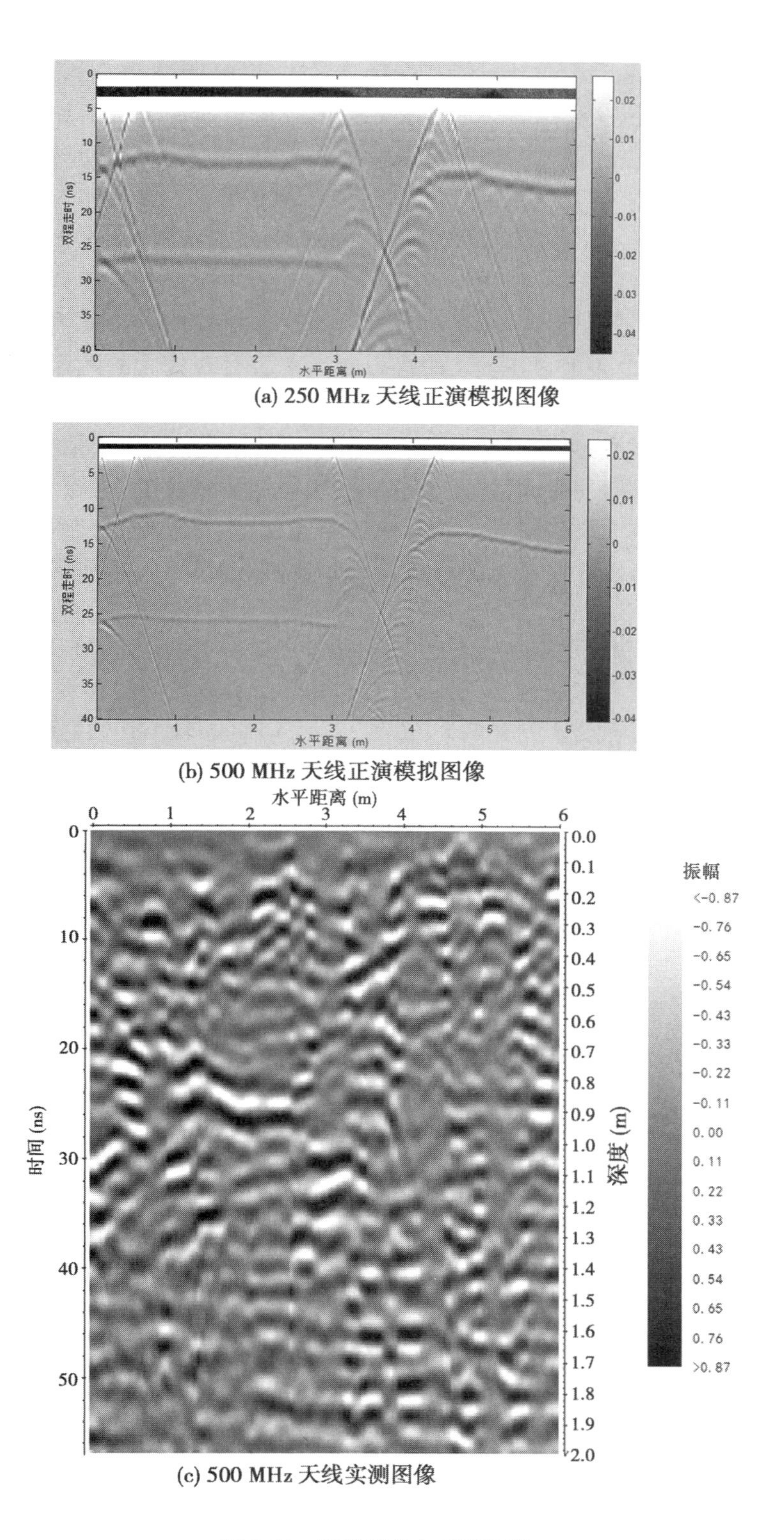

(a) 250 MHz 天线正演模拟图像

(b) 500 MHz 天线正演模拟图像

(c) 500 MHz 天线实测图像

图 6-15　模拟图像与实测图像

层区的实际深度，这与断层区的开口的宽度相关。另外，在图像初始和结束的位置，伴有明显的电磁波绕射现象，这是由于数值模型的边界效应造成的。从两种不同频率天线的模拟图像上，500 MHz 天线频率的数值模拟效果较好，但模拟过程时间较长，计算机资源耗费较大。

图 6-15(c)是 500 MHz 频率天线沿探槽获取的探地雷达图像，在参考模拟图像的基础上，解译后的探地雷达图像如图 6-16 所示。在异常区 1 和异常区 2 内从浅层到深部存在线状的电磁波强反射现象，其主要是由数据采集过程中探地雷达天线与地面脱空造成的，此情况经常发生在地面上存在较大的碎石或者地表存在较大的陡坎的区域。水平距离 3 ~4 m 电磁波反射波强度明显与两侧的强度不同，内部区域电磁波波形比较杂乱且延伸到深部，初步判断此处为主断层区。与正演模拟图像相比，实测图像的断层区域的两边界处电磁波没有发生发射现象，其原因主要是在介质传播过程中，电磁波能量被吸收，反射的电磁波无法被接收天线接收并记录。在实测图像上，最明显的层位为 25 ns 处的层 2，水平层位反射从开始位置一直延伸到约 2. 5 m 处，其电磁波同相轴比较连续且电磁波的反射波能量较强，层位走向比较容易识别，说明两介质层之间的介电常数差异较大。0 ~10 ns区域内电磁波波形比较杂乱，比 10 ~20 ns 区域内的反射波能量大，说明此区域内介质分布比较复杂且差异较大。另外，根据电磁波反射波能量的强弱，也可确定出层 1 的位置及走向。由于层 3 位于异常区 2 内，导致反射波同相轴不连续，无法确定其位置及走向，但结合正演图像结果，可在实测图像上推测出层 3 的大致走向。另外，根据探地雷达图像上 30 ~40 ns 的连续反射，推断在层 1 的下面也存在明显的层位反射现象层 4。

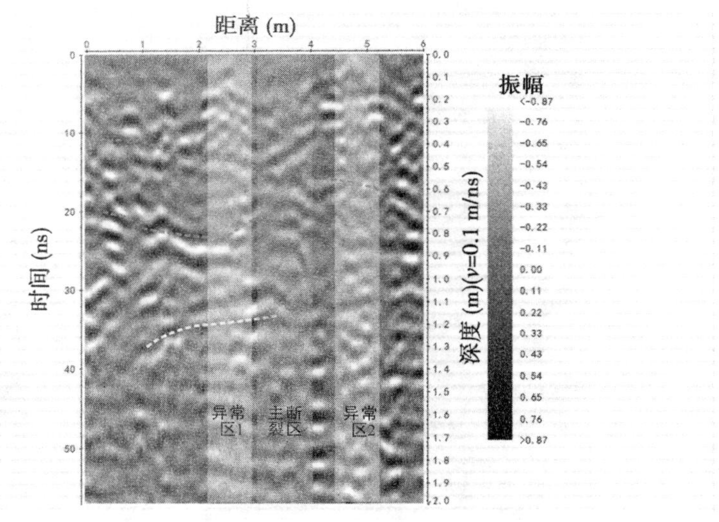

图 6-16　解译后的探槽剖面图

6.3　地面激光点云与探地雷达数据融合方法

由于地面三维激光扫描仪与探地雷达两种传感器的工作原理及数据采集方式不同，

其应用范围和数据特点也不相同。地面三维激光扫描仪仅能提供活断层地表微地貌的三维空间数据,主要是离散点的形式,而探地雷达则可无损探测地下浅层空间的形态分布,主要是二维剖面图形式。若融合两传感器的异构空间数据,不仅可将断层微地貌和地下浅层结构更加直观、形象地表示出来,而且可不同视角最大限度地挖掘断层信息,促进断层地下浅层结构数据的解译,从而实现从不同角度对断层地表微地貌和地下浅层结构的全面综合分析。

多数地面三维激光扫描仪都采用非接触式高速激光测量的方式瞬间获取成千上万个点的三维坐标信息。在数据采集过程中,通过水平转台和竖直方向高速旋转的棱镜实现对整个空间数据的全方位获取。而探地雷达则采用收发共置的天线方式探测地下浅层结构,由于收发天线具有特定的极化形状,且以固定的间隔沿测线同步移动的方式采集数据。另外,由于地面三维激光扫描仪与探地雷达是两个独立的数据采集系统,两者的坐标中心(地面激光的几何中心和探地雷达收发天线的中心)无法完全重合,加之数据的采集方式和范围也不相同,通过硬件集成的方式无法直接实现两空间数据的融合。

由于两数据的局部坐标系及数据格式不同,地面激光点云和探地雷达数据无法通过简单的传感器的映射关系实现数据融合,需借助 GPS 将两者数据统一到相同的坐标系下,经过后期数据处理来实现两数据融合。与传统摄影测量和遥感技术获取的图像不同,点云是一系列包含空间位置和属性值的空间采样点的集合,数据是按照严格的矩阵形式逐行逐列进行储存的,且具有一定的拓扑关系。点云主要包括目标体到物体表面的距离、角度和反射强度,若与影像融合可生成真彩色三维点云。而探地雷达记录的最基本的数据方式是单道波,主要包括电磁波在地下介质中传播时遇到异常体反射回来波的瞬时振幅、瞬时频率和瞬时相位。实际应用中多采用二维变面积灰度图的形式显示,由沿测线方向连续等间距的单道波数据组成。根据地面三维激光扫描仪和探地雷达的数据特点,点云与探地雷达图像数据融合显示方式主要包括以下两种方式:一种是点云与探地雷达图像的直接叠加显示,主要是利用计算机视觉原理在获取 GPR 图像顶点坐标基础上直接实现点云与探地雷达图像在同一场景中显示,此方法仅实现了地面激光点云与探地雷达图像的简单叠加显示,只适用于地面比较平坦的情况,在地形起伏变化的情况下无法实现探地雷达图像与点云的完全融合。另一种是将探地雷达数据转换为离散点云,通过后期数据处理将两数据直接融合,此显示方式不仅可实现两异构空间数据的深度融合,也有利于实现探地雷达数据与点云的多种不同显示方式,如点云和探地雷达二维剖面显示、点云和探地雷达数据三维显示及点云和探地雷达数据不同深度切片显示。

6.3.1 探地雷达与差分 GPS 时间同步方法

探地雷达获取的数据是水平方向和竖直方向呈一定比例的二维剖面,以数据采集的起点为坐标原点,横轴表示探地雷达天线在地面上行进的水平距离,纵轴表示电磁波在介质中传播遇到异常体并反射回来的时间。要实现激光点云与探地雷达数据的融合,必须将探地雷达数据转换为离散点云的形式并实现两者坐标系的统一。为使探地雷达获取的每道数据与 GPS 坐标一一对应起来,采用探地雷达与 GPS 硬件集成的方式来实现探地雷达图像采集过程中的空间坐标信息的同步获取。

探地雷达与 GPS 数据之间的时间同步,是影响激光点云与探地雷达图像融合精度的主要因素之一。探地雷达与 GPS 之间的数据一般是通过串口的方式实时通信,此方式虽然实现过程比较简单,但数据更新速度较慢,数据采集过程中易发生位置信息的丢失,无法满足高频率探地雷达天线采集数据的要求。探地雷达与 GPS 同步采集的方式如图 6-17 所示,将 GPS 天线固定在探地雷达天线的中心位置以组成整体的采集系统。当探地雷达开始工作时,根据设置的采集间隔,高精度测距轮在行进的过程中会不断触发探地雷达主机单元采集数据,与此同时也会触发 GPS 的 I/O 口以打标文件的方式记录下此时刻的 GPS 时间,并存储在记录卡内。数据采集后,根据基站和流动站 GPS 的差分处理结果,结合道间距和测距轮精度通过编制程序插值实现探地雷达图像上道数据与 GPS 时间的精确匹配,进而使每道探地雷达数据都具有精确的位置信息,探地雷达与 GPS 时间同步的流程如图 6-18 所示。探地雷达图像与 GPS 时间同步的基本原理如下:

(1)探地雷达采集的二维时间剖面图像 $e(x_i, t_j)$, $1 \leqslant i \leqslant M, 1 \leqslant j \leqslant N, i, M$ 为探地雷达图像道数,j、N 为每道数据上的采样点数,则探地雷达在水平距离 $x_i = i\Delta x$,Δx 为采样的道间距,探地雷达在纵轴上的时间往返信号 $t_j = j\Delta t$,Δt 为采样时间间隔。

(2)测距轮的精度 $\Delta d = C/N_d$,其中 C 为测距轮的周长;N_d 为测距轮旋转一周的脉冲个数。

(3)由于探地雷达和 GPS 之间的数据采集是通过测距轮同步触发,探地雷达主机与 GPS 主机接收的脉冲数应一致,即 $N_{\mathrm{GPS}} = M(\Delta x/\Delta d)$,$N_{\mathrm{GPS}}$为 GPS 打标文件中记录的脉冲事件个数。

(4)GPS 接收机同时获取每一个外部脉冲和绝对时刻的空间位置坐标,建立采集的探地雷达数据与 GPS 数据的对应关系为

$$(x_i, y_i, z_i)_{\mathrm{GPS}} = i(\Delta x/\Delta d)(x_i, y_i, z_i)_{\mathrm{GPR}}, 1 \leqslant i \leqslant M$$

式中,$(x_i, y_i, z_i)_{\mathrm{GPS}}$和$(x_i, y_i, z_i)_{\mathrm{GPR}}$分别为同一时刻探地雷达主机第 i 道数据和 GPS 接收机获取的位置信息、获取探地雷达每道数据的位置信息。

(5)由于 GPS 天线的中心与探地雷达天线的中心重合,在坐标转换的过程中 x 和 y 轴方向的平移矢量为零,只需计算 z 轴方向的平移矢量,那么探地雷达图像第 i 道数据的位置信息为

$$(x_s, y_s, z_s)_{\mathrm{GPR}} = [x_i, y_i, (z_i - h_{\mathrm{GPS}})]_{\mathrm{GPS}}$$

式中,h_{GPS}为 GPS 天线到探地雷达天线中心位置的高度;$(x_s, y_s, z_s)_{\mathrm{GPR}}$为探地雷达天线中心位置的坐标;$(x_i, y_i, z_i)_{\mathrm{GPS}}$为探地雷达天线上的流动站 GPS 的坐标。

探地雷达与 GPS 数据之间的同步采集,不仅使采集到的探地雷达图像具有精确的位置信息,而且利用 GPS 记录下沿测线高精度的地形数据可用于探地雷达图像的地形校正,很大程度上消除了地形因素对探地雷达图像解译的影响。

6.3.2 探地雷达与 GPS 数据融合方法

在实际工程探测中,利用探地雷达天线采集的图像,若电磁波在介质中的传播速度 v 已知,那么通过时深变换可计算出探地雷达图像上纵轴的深度,即

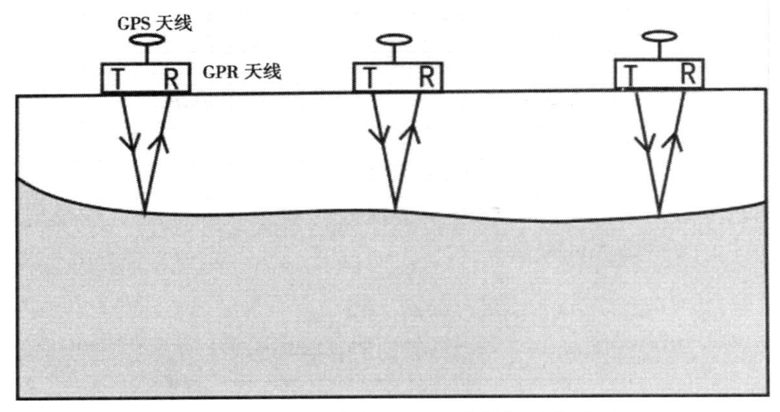

图 6-17　探地雷达与 GPS 同步数据采集方式

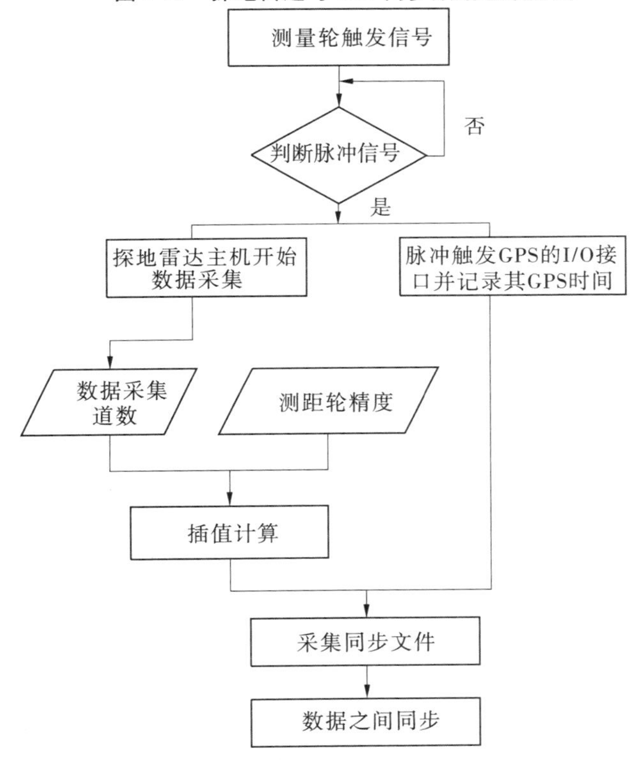

图 6-18　探地雷达与 GPS 数据时间同步流程

$$h = \frac{1}{2}vt \tag{6-4}$$

式中，h 为目标体深度；v 为电磁波的平均传播速度；t 为电磁波到达目标体并反射回来的双程时间。

此深度计算方法忽略了发射天线和接收天线之间的距离，多用在精度要求不高的情况下。

探地雷达与 GPS 数据同步采集后，要实现探地雷达数据从二维坐标系向三维坐标系的转换，最主要是精确实现探地雷达图像在竖直方向上的时深变换，这关系到探地雷达数据与地面激光点云的精确融合。如果要实现探地雷达图像在竖直方向上的时深转换，必须要考虑探地雷达发射天线与接收天线之间的距离及直达波因素的影响，改进后电磁波的传播路径模型如图 6-19 所示。忽略电磁波在传播过程中的能量散射外，探地雷达天线发射的电磁波的传播路径主要分为在空气中传播的直达波和在地下的反射波，如图 6-19 中电磁波的路径 1 和路径 2 所示。

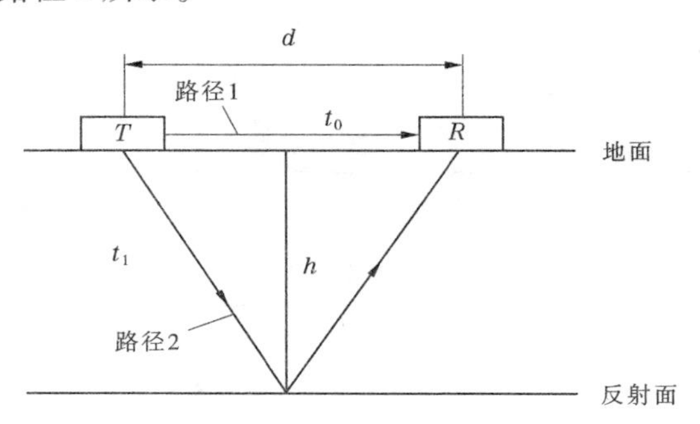

图 6-19　探地雷达传播路径模型

那么地下反射面的深度可通过以下公式计算

$$h = \sqrt{(\frac{1}{2}vt_1)^2 - (\frac{d}{2})^2} \tag{6-5}$$

$$t_1 = t - t_0 \tag{6-6}$$

式中，v 为电磁波在介质中的传播速度；d 为发射天线和接收天线之间的距离，探地雷达屏蔽天线的值是固定不变的；t 为探地雷达剖面记录下的电磁波传播的双程时间；t_0 为地表直达波传播的双程时间；t_1 为电磁波从发射天线到遇到异常体的双程传播时间。

利用 GPS 实现探地雷达每道数据关联位置坐标的基础上，结合式(6-5)和式(6-6)可以实现探地雷达图像在探测坐标系下的时深转换，将每个采样点的深度信息计算出来。

通过时间同步原理实现了探地雷达每道数据与 GPS 数据的一一对应，为确定地下异常体的精确平面位置及深度，必须建立坐标系统，如图 6-20 所示。其中，坐标系 $o-xyz$ 代表探地雷达的探测坐标系，以测线的起点 o 作为坐标原点，x 轴表示探地雷达沿测线采集数据的方向，y 轴表示探地雷达不同测线方向，z 轴表示探测的深度。$O-XYZ$ 坐标系代表任意局部直角坐标系，要实现坐标系 $o-xyz$ 中任一点 $p(x,y,z)$ 转换到 $O-XYZ$ 的坐标系下 $P(X,Y,Z)$，需要通过坐标系的旋转和平移，$p(x,y,z)$ 与 $P(X,Y,Z)$ 之间的关系可以表示为

$$\begin{cases} X = a_1x + a_2y - a_3z + x_0 \\ Y = b_1x + b_2y - b_3z + y_0 \\ Z = c_1x + c_2y - c_3z + z_0 \end{cases} \tag{6-7}$$

即

$$\begin{pmatrix} X \\ Y \\ Z \end{pmatrix} = \begin{pmatrix} a_1 & a_2 & -a_3 \\ b_1 & b_2 & -b_3 \\ c_1 & c_2 & -c_3 \end{pmatrix} \begin{pmatrix} x \\ y \\ z \end{pmatrix} + \begin{pmatrix} x_0 \\ y_0 \\ z_0 \end{pmatrix} \tag{6-8}$$

式中，X,Y,Z 为探地雷达采样点 P 在任意定向的直角坐标系统下 $O-XYZ$ 的坐标；x,y,z 为探地雷达局部坐标系统下采样点 P 的位置坐标；矩阵 $\begin{pmatrix} a_1 & a_2 & -a_3 \\ b_1 & b_2 & -b_3 \\ c_1 & c_2 & -c_3 \end{pmatrix}$ 为两坐标系的空间位置的旋转矩阵；x_0,y_0,z_0 为两坐标系统的平移矢量。

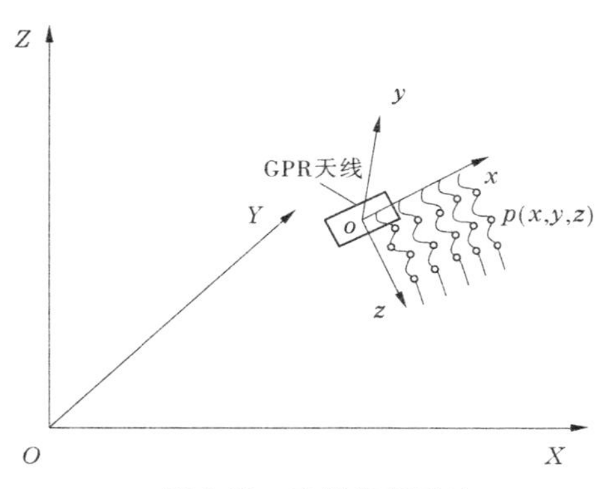

图 6-20　空间坐标系统

为减少探地雷达与 GPS 坐标融合过程的计算量，流动站 GPS 的天线安装在探地雷达天线的正上方，其天线中心与探地雷达天线的中心重合，这样坐标转换的过程中 x 轴和 y 轴方向的平移矢量就可以忽略不计，只需计算 z 轴方向的平移矢量即可，探地雷达天线和 GPS 天线空间位置确定后，即为一定固定值。

6.3.3　地面激光点云与 GPR 图像的融合方法

数据融合之前，需对两者数据进行预处理，以消除数据的误差，提高数据融合的精度。地面激光点云与探地雷达数据的融合流程如图 6-21 所示。获取激光点云后，选择扫描区域内 3 个以上的特征点利用高精度 GPS 静态观测结合平差的方法获取大地坐标，进而实现整个点云的坐标转换，在实际的工程应用中，特征控制点一般选择标靶的位置。经过坐标转换后的激光点云的数据格式为(x, y, z, R, G, B)的形式，其中 x,y,z 代表点的地理坐标；R、G、B 值代表该点纹理的颜色信息，取值范围为 0 ~ 255。经过一系列的数据处理与坐标转换，探地雷达数据的最终格式为(x,y,z,Q)，其中 x,y,z 代表点的地理坐标，Q 代表采样点电磁波的瞬时振幅值，地下结构的异常主要是通过振幅值的变化实现的，其范围一般与探地雷达数据处理中信号放大密切有关，其取值一般在整数范围且值较大。因此，在两者数据统一显示之前，需利用式(6-9)对探地雷达数据的强度值进行归一化处理，使强度值与激光点云的属性值处于统一量级上。

$$Q_0 = 255 - 255 \times \frac{Q_{\max} - Q}{Q_{\max} - Q_{\min}} \tag{6-9}$$

式中，$Q_{\max}$ 为探地雷达整幅图像上所有采样点振幅的最大值；$Q_{\min}$ 为探地雷达图像上所有采样点振幅的最小值；Q 为探地雷达图像上任一采样点的振幅值；Q_0 为强度归一化后探地雷达图像上任一采样点的振幅值。

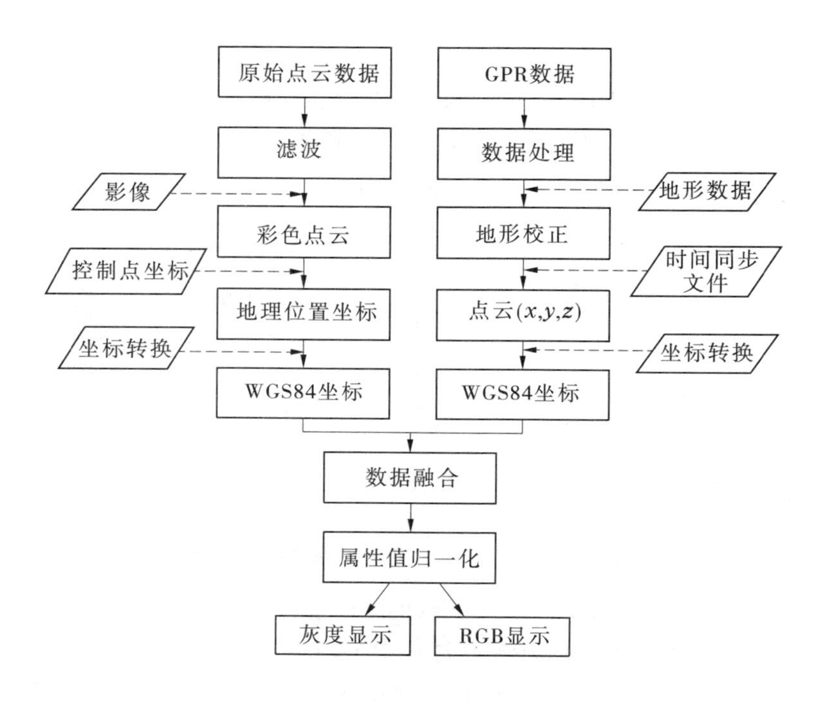

图 6-21 地面激光点云与探地雷达数据融合流程

6.3.4 融合结果及精度分析

根据探地雷达数据的采集方式,三维激光点云与探地雷达融合后的数据共有两种显示方式,一种是激光点云与探地雷达二维时间剖面显示的方式;另一种是对于重点检测区域采用等间距采集多道探地雷达二维剖面图像,选择合适的插值算法来实现探地雷达数据的三维显示,将地下三维空间信息更加直观的展示出来,从而实现点云和探地雷达图像的地上地下三维一体化显示。为验证三维激光点云与探地雷达数据的融合效果,选择良乡校区科技馆旁一处地下有已知管道分布的区域进行实验,实验区如图 6-22 所示。采用频率为 500 MHz 的探地雷达天线沿测线(图中箭头所示)共采集 18 道二维时间剖面图,采集的过程中探地雷达与 GPS 同步采集,剖面之间的距离为 20 cm。首先按照探地雷达数据处理的一般流程对所有的探地雷达剖面进行处理,将探地雷达各道剖面利用数据编辑统一采集长度后,利用线性插值实现探地雷达图像的三维显示。三维激光点云与探地雷达数据融合后的效果图如图 6-23(a)表示激光点云与探地雷达二维剖面显示的效果图,图 6-23(b)为激光点云与探地雷达图像的地上地下一体化显示效果图。三维激光点云与探地雷达图像的融合,可将探地雷达图像的位置在三维空间展示出来,并结合地面上的空间信息来对地面下的异常情况进行分析。

为验证激光点云与探地雷达数据的融合精度,选择探地雷达的二维时间剖面沿测线方向均匀选择 30 个离散特征点的高程值,一般选择每道数据的第一个点的高程值,然后

图 6-22 实验区场景

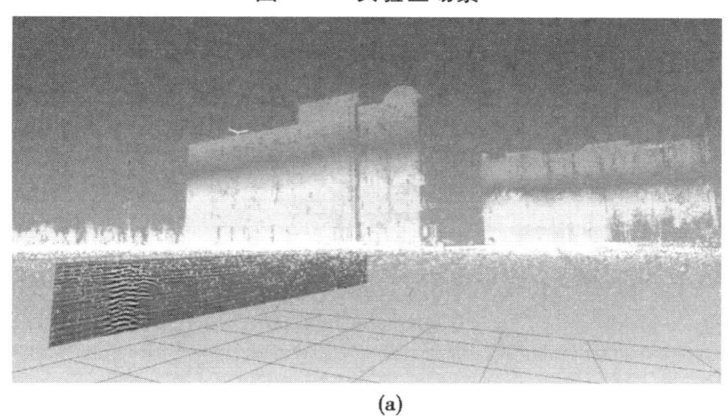

(a)

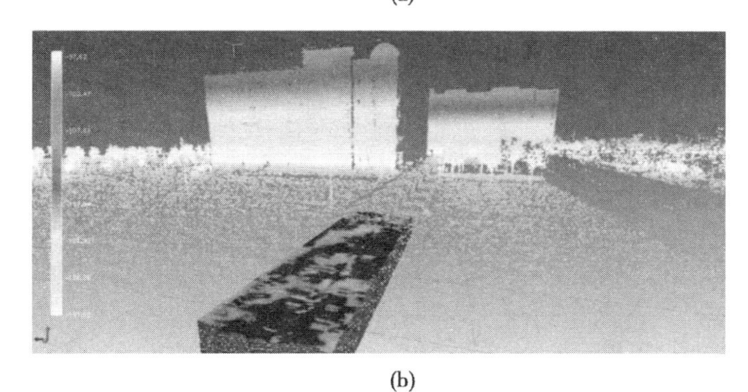

(b)

图 6-23 激光点云与 GPR 数据融合显示效果

选择距此点最近的激光离散点,通过两者数据的高程精度比较来分析激光点云与探地雷达数据的融合效果,离散特征点的高程差值如表 6-3 所示。

表 6-3　激光点云与探地雷达融合精度对比

点号	点云高程(m)	GPR 高程(m)	差值	点号	点云高程(m)	GPR 高程(m)	差值
1	30.796	30.872	-0.076	16	30.918	30.924	-0.006
2	30.803	30.871	-0.068	17	30.933	30.921	0.012
3	30.817	30.872	-0.055	18	30.942	30.929	0.013
4	30.827	30.873	-0.046	19	30.941	30.938	0.003
5	30.821	30.887	-0.066	20	30.955	30.938	0.017
6	30.846	30.808	-0.038	21	30.957	30.939	0.018
7	30.869	30.901	-0.032	22	30.96	30.934	0.026
8	30.883	30.912	-0.029	23	30.981	30.948	0.033
9	30.898	30.922	-0.023	24	30.986	30.942	0.044
10	30.895	30.913	-0.018	25	30.994	30.951	0.043
11	30.899	30.915	-0.025	26	31.005	30.952	0.053
12	30.893	30.926	-0.033	27	31.014	30.956	0.058
13	30.904	30.922	-0.017	28	31.025	30.971	0.054
14	30.919	30.923	-0.004	29	31.032	30.99	0.042
15	30.922	30.932	-0.01	30	31.038	30.976	0.062

根据式(6-10)可以计算出激光点云与探地雷达数据的差值的中误差为0.039 m。

$$\sigma_z = \sqrt{\frac{\sum_{i=1}^{n}(z_i - \bar{z})^2}{n}} = 0.039(\text{m}) \tag{6-10}$$

第7章 探地雷达在玉树左旋走滑活动断裂上的探测应用

7.1 研究区背景

甘孜—玉树断裂带是在前第四纪基岩断裂带基础上发展起来的一条强烈活动的典型左旋走滑断裂，同时也是川滇菱形块体重要的边界断裂和鲜水河断裂系西部重要的组成部分，形成于早华力西期，印支期有过强烈的活动，第四纪以来活动比较明显[166-169]。该活动断裂带东南起四川甘孜，向西经青海玉树后，继续朝 NW 方向延伸，全长超过 500 km，整体呈 NWW—NW 走向，倾向呈波状陡立，以 NE 为主，倾角近直立，为 70°~85°，见图 7-1。该断裂带规模宏大，基岩破碎带一般宽 10 m 至数百米[170,171]。

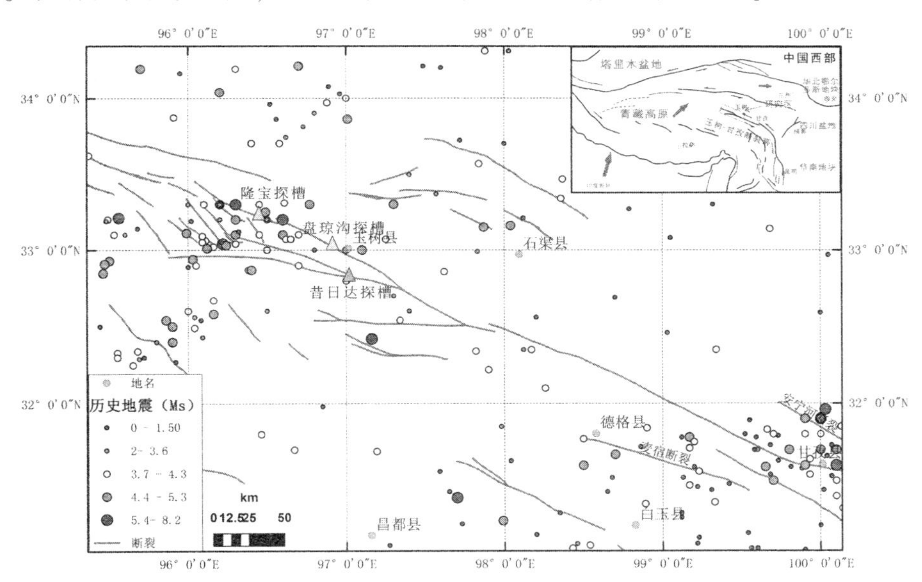

图 7-1 甘孜—玉树断裂带分布图

研究区玉树断裂带位于甘孜—玉树断裂带中段，总体走向呈 120°~130°，西起陇蒙达，沿 SE 方向延伸至玉树以南的巴塘盆地，全长约 150 km。历史地震活动显示，玉树断裂带是显著的区域强震活动带，沿玉树断裂带玉树地区附近曾发生过 3 次 M_S=6.5 级及以上的地震，分别为 1738 年 12 月 23 日青海玉树附近及西北的 M_S=6.5 级地震（关于此次地震的位置和强度，目前学术界还存在争议），1896 年 3 月 14 日四川石渠县境内的 M_S=7.0 级地震和 2010 年 4 月 14 日的玉树 M_S=7.1 级地震[172]。根据雁阵展布特征，玉树断裂带自西向东大致可分为 3 段，即陇蒙达—结隆段、结隆—结古段和结古—查那扣段。陇蒙达—结隆段全长约 40 km，走向 120°~125°，断裂带整体较平直，主要表现为左旋走滑运动性质。沿该段断裂带的要钦陇沟谷中可见小型拉分盆地,其东侧有长轴 NW 向的挤压脊地貌,在昌德下拉附近,可见北侧山体发生左旋错动。结隆—结古段走向 120°,延伸约 40 km,呈直线状展布。东南段上显示出明显正断层性质的地貌,沿断裂带可见断层三角面,2010 年玉树地震形成的地表破裂主要在该段展布。结古—查那扣段,断裂总体走向 130°~135°,延伸约 30 km,沿此段断裂在巴塘河东岸桑卡村处,可见切穿巴塘河河流阶地陡坎的基岩古断层出露,断层产状 50°∠89°,显示出明显的逆断层运动成分。玉树断裂带整体表现为左旋走滑运动性质,但各次级断裂显示出有所差异的运动学特征。断裂带西北段上显示出较强的拉张效应,而东南段上则表现出拉张效应相对减弱,挤压效应明显增强的特点[173-175]。

7.2　数据采集与处理

探地雷达系统主要由中心控制单元、发射天线、接收天线和测距单元组成。本书选用瑞典玛拉公司研制的 RAMAC 型探地雷达系统,采用发射天线与接收天线等距离一体化的方式采集数据,如图 7-2 所示。中心频率较高的探地雷达天线分辨率高但探测深度浅,中心频率较低的探地雷达天线探测深度深但分辨率较低。在野外地质调查中,探槽开挖的深度一般为 2~4 m,综合考虑探测深度和分辨率之间的关系,选择中心频率为 500 MHz 的屏蔽天线探测活断层。为了增加断层异常识别的可靠性,避免采集过程中漏掉横向尺度较小的断层,采集数据的道间距设为 0.02 m。数据采集的时间窗口设定为 80 ns,每道数据采样点数为 534,采样频率设为 6 615 MHz。为了提高探地雷达图像的信噪比,采集后的每道数据在竖直方向都进行 8 次叠加,探地雷达数据采集参数见表 7-1。探地雷达将探测图像以二维时间剖面的方式显示出来,横坐标轴表示天线在地面上行进的距离,纵坐标轴表示电磁波到达目标物并反射回来的时间差,如果电磁波的传播速度已知,那么经过时深变换处理可以计算出目标物或岩层的深度。

表 7-1　探地雷达数据采集参数

参数	数值
天线频率	500 MHz
道间距	0.02 m
采样点数	534
采样频率	6 615 MHz
叠加次数	8
时间窗口	80 ns

探地雷达采用测距轮触发的方式沿测线进行数据采集,在探地雷达工作时,经过标定的距离测距轮在雷达天线行进的过程中精确记录下水平方向的距离并触发中心控制单元采集数据,如图 7-2(a)所示。由于沿测线方向地形起伏变化,需进行地形校正以实现探地雷达图像与实际地形起伏变化相一致。地形数据可通过全站仪、GPS、倾角仪和激光测距仪获取。基于野外地形数据获取工作量和成本的考虑,采用倾角仪沿着测线方向每 20 cm 距离采集地形数据,如图 7-2(b)所示,以应用于探地雷达图像的地形校正处理。

图 7-2 探地雷达数据和地形数据采集

数据处理选用 Reflexw 商用软件,图像处理过程如图 7-3 所示。①原始数据。②解振荡滤波。消除信号中的直流成分或直流偏移及随后产生的延迟振荡,或者是低频信号拖尾。③去地面波处理:雷达图像时深转换之前,需将电磁波到达地面的双程时间差去除,以提高目标体或地下介质层的定位精度。④自动增益。电磁波在传播过程中由于信号衰减和几何传播衰减的影响,后时信号的幅度通常较小。为增强后时信号的可视效果,需要做时间自动增益处理。⑤背景滤波。去除背景噪声和水平信号,对去除天线的振铃信号尤其有效。⑥带通滤波。选择巴特沃斯带通滤波器,低通截止频率和高通截止频率分别选择 130 MHz 和 750 MHz 对雷达图像进行滤波处理,以去除环境或者系统噪声。⑦图像平滑。主要是压制信号的散射,去除图像上的噪声点。⑧地形校正。选择探地雷达测线上最高点或最低点所在平面为基准参考面,根据时间移位原理计算各道数据到基准参考面的时间差,从而实现探地雷达图像的地形校正。

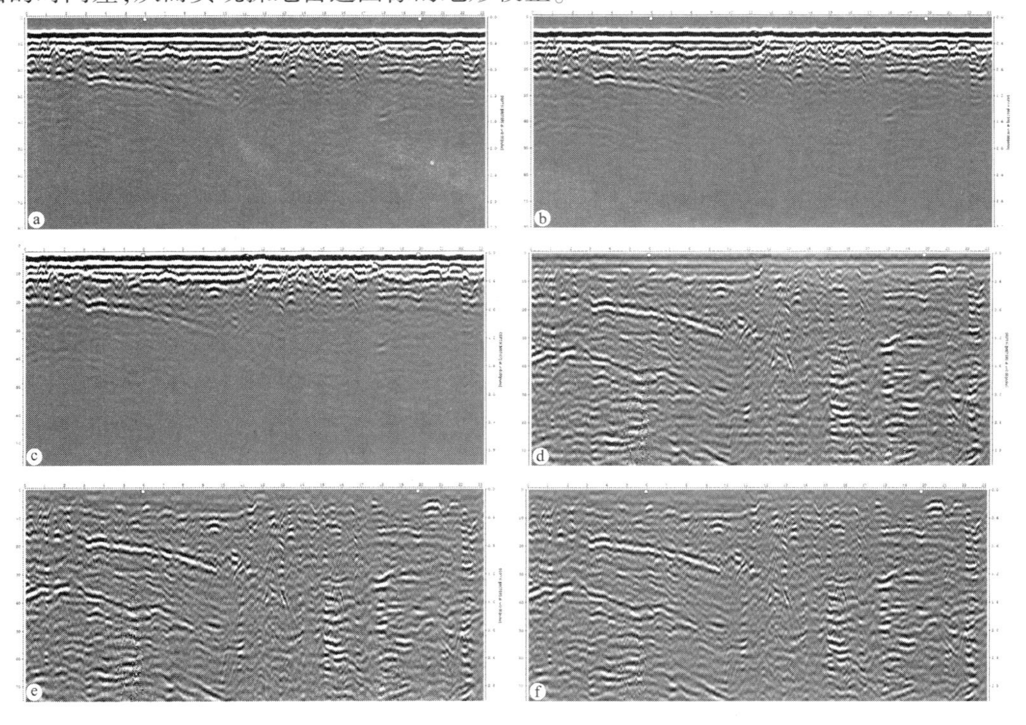

图 7-3 探地雷达数据处理流程

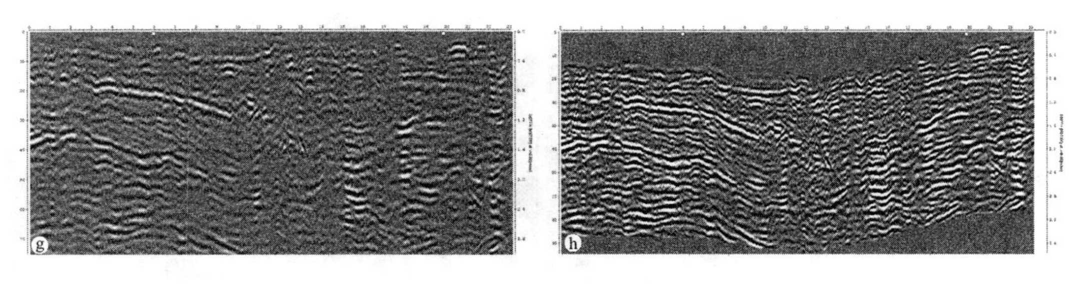

续图 7-3

7.3　探地雷达图像解译与探槽剖面验证

选择玉树断裂带上隆宝、昔日达和盘琼沟三处地点采集断层剖面,根据断层的雷达波特征对探地雷达剖面进行解译分析并根据探测剖面与探槽剖面的对比。对 2010 年玉树地震震中位置的雷达剖面进行解译,验证探地雷达探测玉树断裂带断层最新活动性的可行性。

7.3.1　隆宝

图 7-4(a)为数据处理后的自南向北玉树断裂隆宝处探地雷达图,长 23 m,深2~3 m。图 7-4(a)上可以初步确定出雷达波异常区和明显的层位反射。雷达波异常区主要分布在水平距离 15~16 m、18~20 m、22~23 m 处,分别用 A、B 和 C 表示。A 处雷达波杂乱无序,呈多次震荡且无向深部延伸趋势,推断此处地质构造比较复杂。B 处水平反射波信号强烈,层位特征明显且中间层位夹杂有无规则的不连续现象,结合周围的地质环境,推断此处可能为多层沉积物分布。C 处雷达波呈高频多次波,形状为不完全或部分双曲线,异常区发育于近地表层且一直延伸到深部,雷达波反射强度与周围介质明显不同,此处可能为断层破碎带。

探地雷达图像自上而下存在 3 段比较明显的水平层位反射,如图 7-4(b)将断层面自上而下分为 4 层。层 1 一般为地表面覆盖层,厚度为十几厘米到几十厘米。层 2 在水平距离0~10 m 时层位反射明显,0~6 m 呈水平走向,7 m 时开始向下倾斜。11~14 m 由于上层地质构造较复杂,层位反射不明显。14~23 m 层位随地形变化而缓慢上升。层 3 在 0~10 m 和 15~23 m 与层 2 走向基本一致,但在水平距离 10 m 和 15 m 处存在明显的错断。另外,层 2 和层 3 中间存在明显的层位反射,见图 7-4(b)。根据断层在探地雷达图像上反射波特征,探地雷达剖面自北向南存在 7 处断层,分别用 F1~F7 表示,其分布和走向见图 7-4(b)。F1、F2、F3 和 F6 具有共同的特点,连续的层位经过断层时,发生中断,且在断层两端处有双曲线散射,F4 和 F5 处是连续的层位发生错断,层位移动距离比较明显,F7 所在区域可能为断层破碎带。

图 7-4(c)为探槽剖面,全长 17 m,对应探地雷达剖面上 4~21 m 的位置,深 2~3 m。自上而下分为 5 层。层 1 为表土层,厚 10~30 cm,其间主要有草根发育。层 2 为灰黑色含碳砂土层,厚 20~40 cm,呈楔状填充于断层楔中。层 3 为灰白色的砾石层,中部夹有薄细砂层。层 4 为灰白色的砾石层,厚 50~60 cm,中钙质沉积较多,中上部有砂质透镜体。层 5 为灰黄色砾石层夹砂层透镜体,此层在探槽中间断陷,两端抬升,北侧为正断层,南侧

为逆断层。如图 7-4(c)所示,A 处位于两逆断层 F5 和 F6 之间,砾石粗细相间,在探地雷达图像上表现为雷达波杂乱无序,呈现多次振荡。B 处为砾石层分布,顶部为不连续砂层,底部砾石相对较粗,雷达波层位特征比较明显。由于探槽开挖长度限制,C 处异常区无法验证。探槽剖面自北向南共分布 4 处断层,对应探地雷达剖面上的断层 F3~F6,其中断层 F3 为 2010 年玉树地震形成的,F5 处为断层填充楔,此现象揭示本段发生过古地震事件。与探槽剖面对比,探地雷达可以将玉树断裂带隆宝处断层的位置、走向和空间展布及地下岩层分布在时间剖面上反映出来。

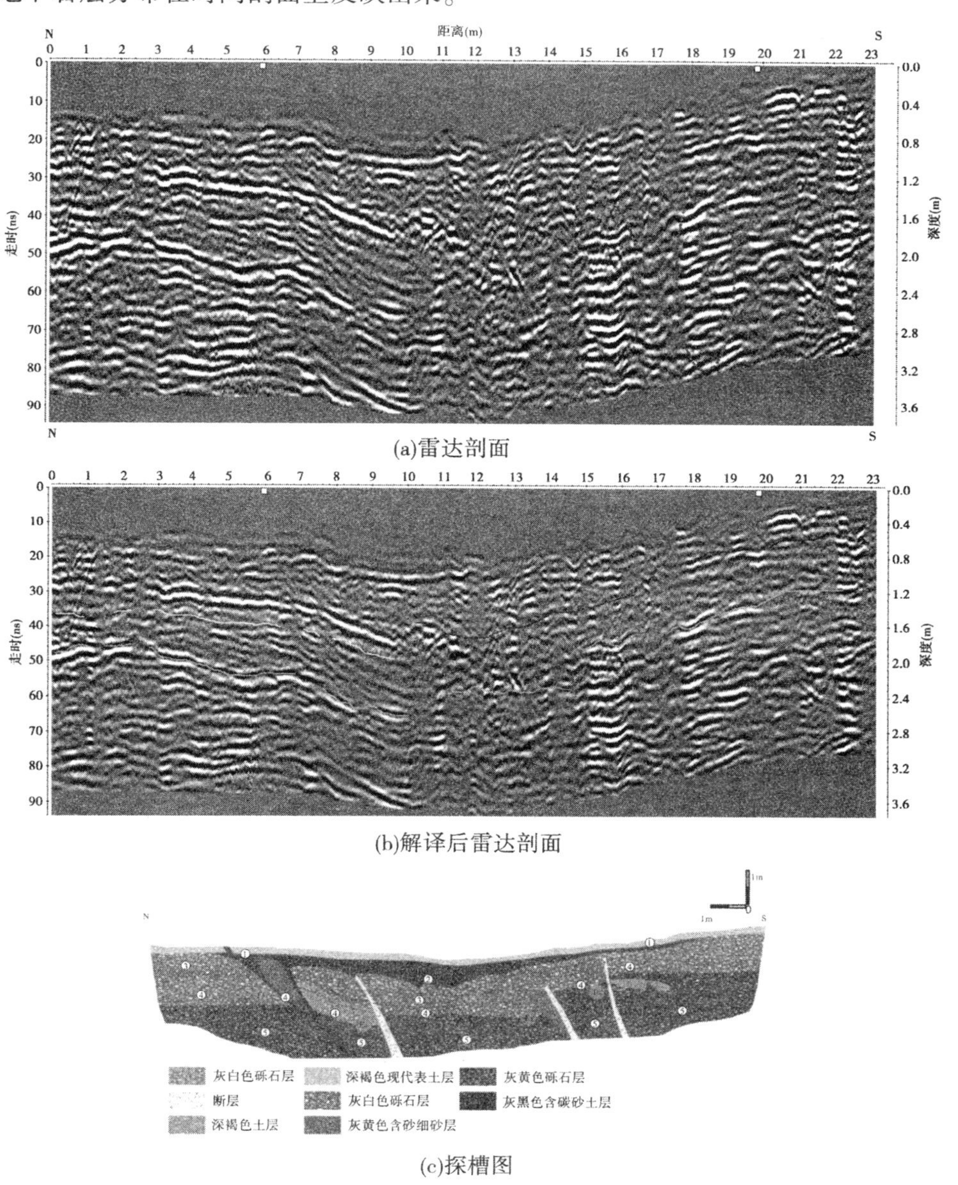

(a)雷达剖面

(b)解译后雷达剖面

(c)探槽图

图 7-4　雷达解译剖面与探槽剖面图

7.3.2 昔日达

昔日达位于玉树巴塘乡昔日达村北部,距玉树机场北东方向 2 km 处(见图 7-1),探地雷达数据采集方向自南向北。处理后的探地雷达剖面如图 7-5(a)所示,由于高程变化达 2.5 m,地形校正后图像发生了一定的畸变。图 7-5(a)上可确定 3 处雷达波异常区域,分别在水平距离 7~8 m、11~15 m 和 21 m 处,用 A、B 和 C 表示。A 处电磁波呈高频多次波特征,形状比较规则,为不完全或部分双曲线,另外连续层位同相轴发生中断,推断可能存在断层。B 处异常区从上部到下部异常区宽度逐渐减小;雷达波杂乱无序,反射波强度大,且在异常区交界处有电磁波绕射,如黑色箭头所示,推断 B 区可能为主断层分布区。C 处电磁波杂乱,反射强度与周围介质反差明显,且呈低频特征。结合实地采集环境,C 处旁边为一溪水,此区域含水量较大,电磁波主要表现为低频特征。根据电磁波的相位特征和振幅的变化,自上而下可将昔日达处探地雷达剖面分为 6 层,解译后的图像如图 7-5(b)所示。

图 7-5(c)为探槽剖面,长 14 m,宽 3 m,深 1~2 m。通过与探槽剖面对比,探地雷达图像可将昔日达段玉树断裂附近地下岩层层位的分布在图像上显示出来,特别是主断裂带的位置分布及走向。但对于主断裂带中分布的 3 处断层,由于主断裂带中填充物比较复杂,电磁波连续层位反射信号不明显,在雷达图像上无法判定主断裂带中断层的分布及走向。水平距离 7~8 m 处由于地势较高,探槽的开挖深度有限,无法对 A 处断层进行验证。

7.3.3 盘琼沟

盘琼沟探槽位于玉树县西部山前地带,依山麓坡积台地的坡壁形态修整而成,走向自南向北(见图 7-1)。探地雷达剖面是沿探槽壁获取的,数据处理后的探地雷达剖面如图 7-6(a)所示,水平距离 7 m 和 10.5 m 处有明显的双曲线反射,如地表箭头所示。根据周围地质环境,此 2 处为明显的地表破裂,如图 7-6(b)和图 7-6(c)所示,其中 7 m 处地表破裂较 10.5 m 处宽度较大,在雷达剖面上双曲线反射较明显。图 7-6(a)上可以确定 4 个雷达波异常区,分别用 A、B、C 和 D 表示。A 处存在明显的地表破裂,中部连续层位反射中断,如黑色箭头所示,下部雷达波反射较强,推断 A 区域存在断层分布。B 处有明显连续反射层位,当延伸到水平距离 9 m 处呈双曲线状,反射波强烈。推断连续层位反射可能为介质层交界面,9 m 处双曲线异常可能为地面下异常体。C 处位于连续的层位反射下面,呈高频多次波特征,反射强度较强且呈部分双曲线状,周围存在电磁波绕射现象,推断 C 处为断层分布区或地质构造较特殊的区域。水平距离 9~10 m 自上而下存在明显层位中断,初步断定此处可能存在断层。10~11 m 处存在地表破裂,连续的层位信号在此处发生中断,如黑色箭头所示,推断此处存在断层分布。地表层反射信号在 11~12 m 处发生中断,深部雷达波信号呈高频多次波状且向深部发育,此处可能存在断层。通过以上分析,探地雷达剖面自上而下大致可分为 6 层,存在 4 处断层(F1~F4),解译后的探地雷达剖面如图 7-6(d)所示。图 7-6(h)为探槽剖面,长 10 m,深 2 m。A 处为 2010 年玉树地震形成的填充楔,填充物为灰色、灰黑色土体。B 处水平距离 9 m 处存在断层,中间夹有砾石,在探地雷达图像上表现为双曲线异常。由于断层的下半部分位于砾石下方,因此探地雷达无法探测并在时间剖面上显示出来,如图 7-6(e)所示。C 处为含砂砾层带,如图 7-6(g)所示,砾石杂乱分布,占 40%~60%不等砾径,以 1~5 cm 为主,少量为 6~8 cm,个别为 10~20 cm,使雷达波比较杂乱,当遇到砾径较大砾石

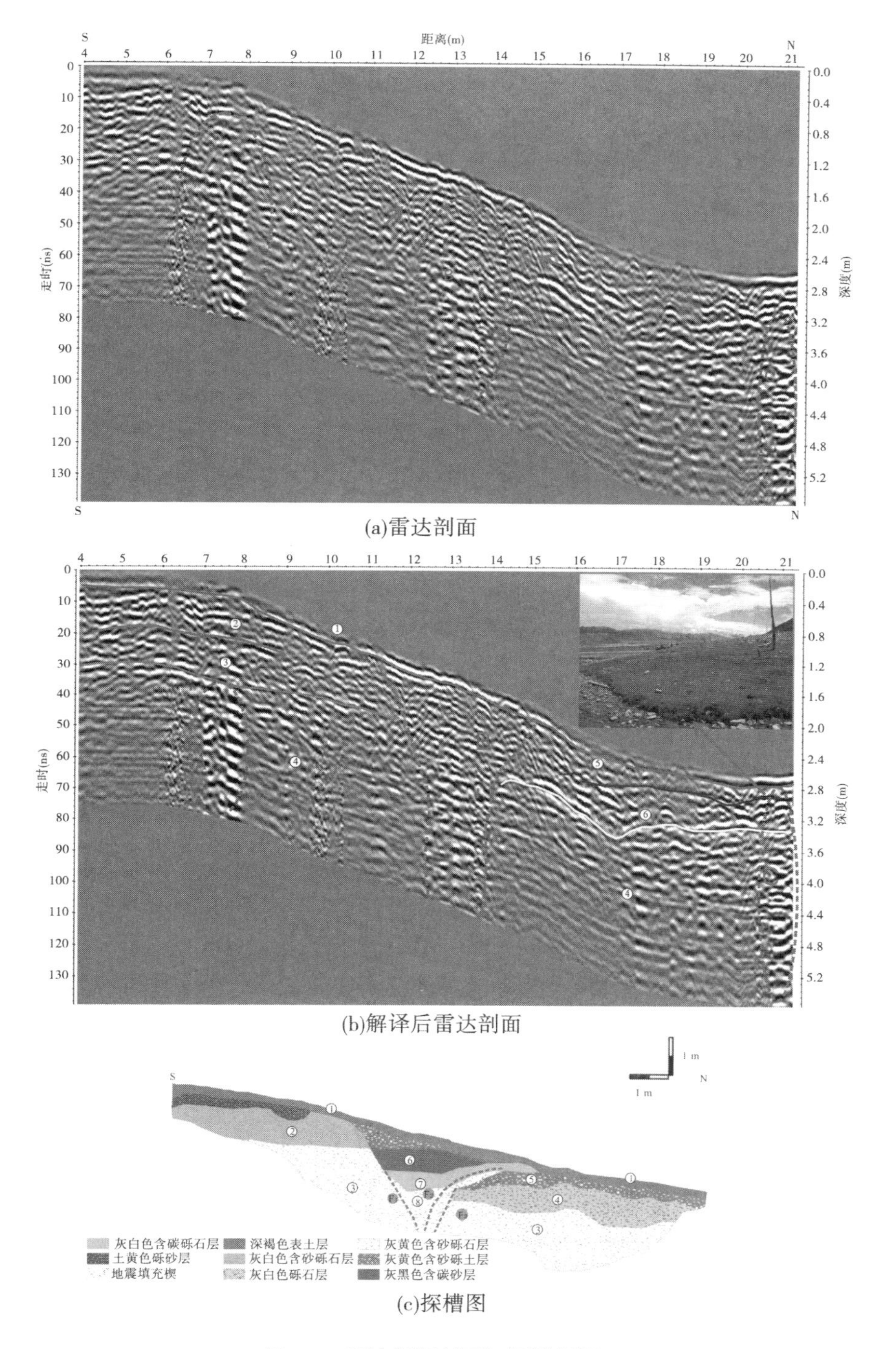

图 7-5　雷达解译剖面与探槽剖面

时,电磁波会发生强反射。F2 和 F3 之间为断层破碎带,当天线经过断层破碎带时,由于与周围介质相对介电常数差异较大,电磁波反射应会发生明显的变化,但时间剖面上无明显反射,如图 7-6(d)所示。通过探槽开挖,显示断层破碎带处存在 40~50 cm 的落石,如图 7-6

(f)所示,断层破碎带位于落石的下方,雷达波传播过程中能量发生衰减,使断层破碎带在雷达剖面上电磁波无明显异常变化。

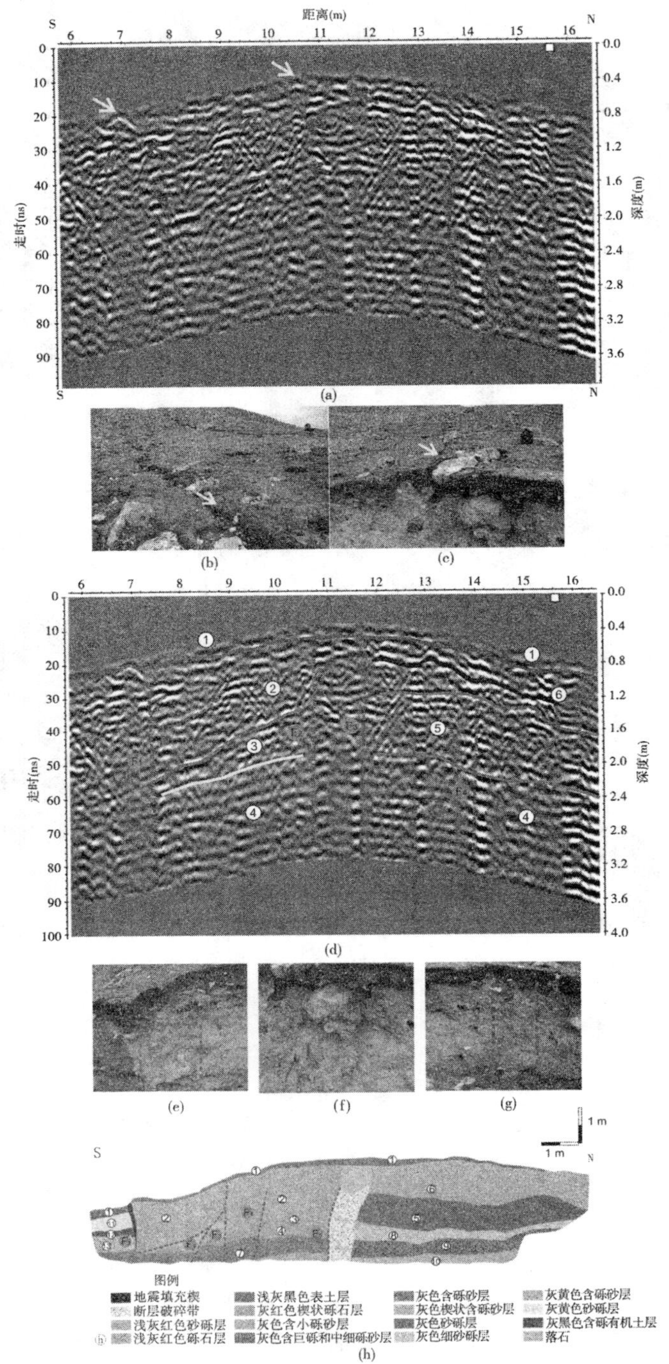

(a)雷达剖面；(b)和(c)为地表破裂分布；(d)解译后雷达剖面；
(e)、(f)和(g)剖面异常区域；(h)探槽

图 7-6 雷达解译剖面与探槽剖面

7.3.4 震中雷达剖面

2010 年,玉树地震宏观震中位于 33.2°N, 96.6°E,震源深度 14 km,盘琼沟处探槽位于震中附近。数据采集位置位于山谷凹槽之间,地形起伏较大,存在明显地表破裂。探地雷达测线长 48 m,覆盖整个地表破裂带。地表破裂主要分布在 24~48 m,因此重点对此区域探地雷达数据进行解译。数据处理后雷达剖面如图 7-7(a)所示,水平距离 30 m、31 m、35 m、42 m 和 46 m 处存在明显双曲线反射,如地表箭头所示。30 m 和 31 m 处双曲线向下开口较小,反射强度较弱,其他处双曲线向下开口较大,反射较强。结合实地数据采集,明显的双曲线反射是地表破裂在雷达剖面上的反映,如图 7-7(b)和图 7-7(c)所示,其中 35 m、42 m 和 46 m 处的地表破裂宽度较大,30 m 和 31 m 处地表破裂宽度较小。

雷达剖面上异常区域主要有 3 处,分别位于 A、B 和 C 处,见图 7-7(d),其中 A 和 C 位于地表破裂附近。电磁波信号快速变低,同相轴连续均一,呈层面状高频水平信号反射和多次振荡,断定 A、B 和 C 区含水量可能比较丰富。雷达剖面自左向右可能存在 7 处断层,F1 和 F2 具有共同的雷达波特征:波形杂乱,电磁波反射较强。F3、F4 和 F6 都位于地表破裂明显的断裂带内,深部存在高频双曲线或部分双曲线反射。F5 处连续的层位同相轴信号发生错断,如黑色箭头所示,在断层深部伴有高频双曲线或部分双曲线反射。F7 处有明显地表破裂,连续的层位信号发生错断,断距比较明显,判断此处可能为断层破碎带。

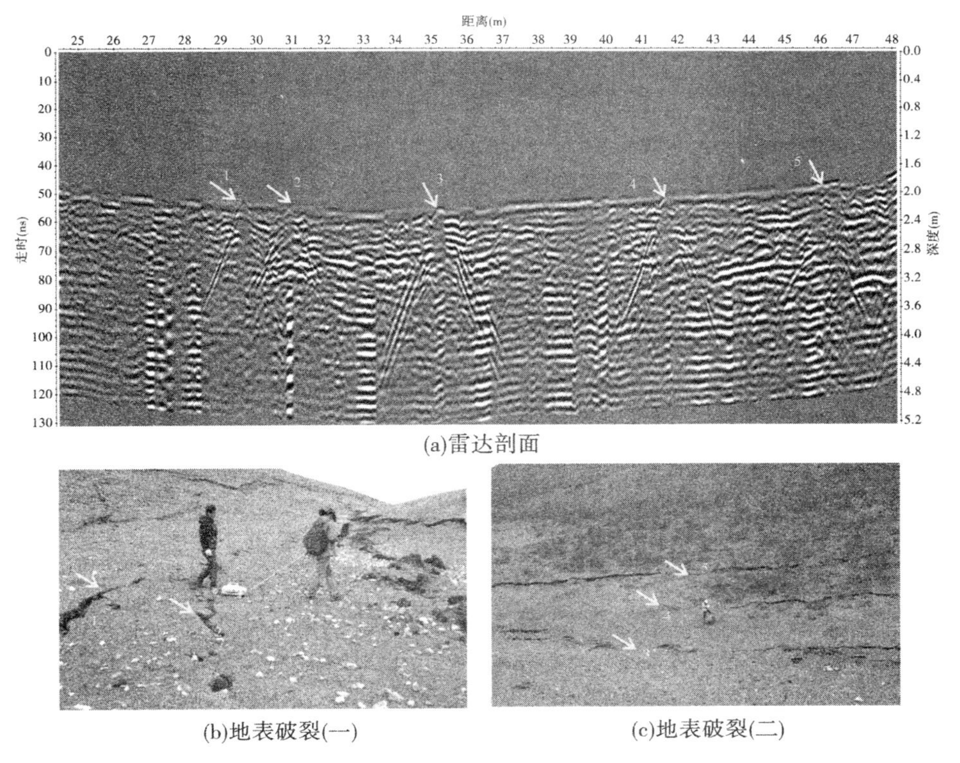

(a)雷达剖面

(b)地表破裂(一)

(c)地表破裂(二)

图 7-7 雷达剖面解译图

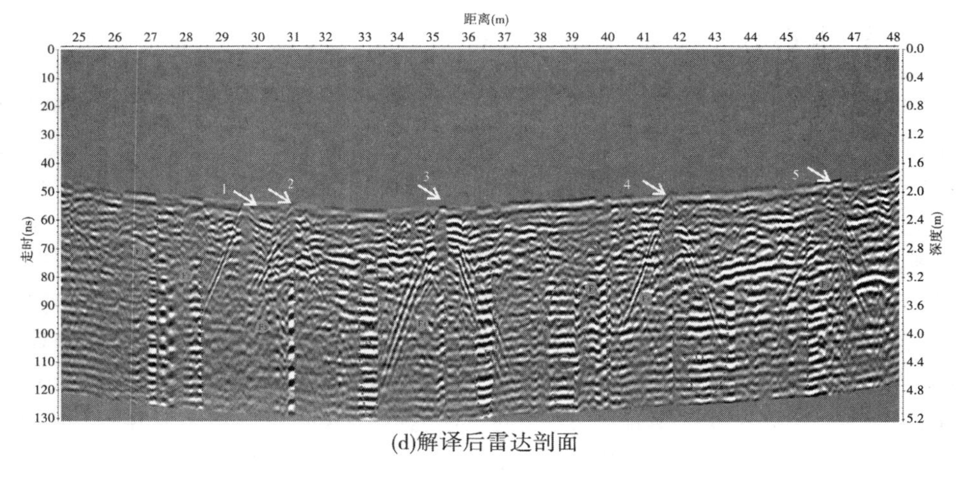

(d)解译后雷达剖面

续图 7-7

7.4 认识及结论

通过玉树断裂 3 处探地雷达剖面与探槽的对比,隆宝处和昔日达处探地雷达探测效果较好。隆宝处处理后的图像无明显杂波干扰,探地雷达图像上层位反射明显,断层分布容易解译。昔日达处雷达剖面由于地形高程变化较大,地形校正后图像存在畸变,导致雷达剖面上层位反射没有隆宝处明显,但基本可以反映出断层破碎带附近的地下分布。与隆宝处和昔日达处相比,盘琼沟处雷达剖面是在雨后获取的,由于表土层潮湿等影响,信号衰减比较严重,从而导致层位信号反射不明显,探测效果较差;加上探槽中存在巨型落石,也在一定程度上影响了探地雷达对断层的探测效果。由于无法精确计算电磁波在介质中的传播速度,探地雷达图像都没有经过偏移处理,使探地雷达图像上断层的走向与实际探槽剖面揭示的断层走向有一定的偏差。

电磁波经过电性差异较大的地下介质层时其振幅会在两介质层交界面处发生变化,从相位和振幅的变化规律可以判断出上下层介质的介电常数的大小关系。如图 7-4(b)所示,层 1 的雷达波相位正好与层 2 和层 3 之间层、层 3 的雷达波相位相反。从反射系数的正负可以确定出不同介质层中雷达波传播速度的关系 $v_1<v_2$ 和 $v_2>v_3>v_4$,那么不同介质层中相对介电常数的大小为 $\varepsilon_1>\varepsilon_2$ 和 $\varepsilon_2<\varepsilon_3<\varepsilon_4$。这与探槽揭示的结果相一致,层 1 为表土层,其含水量一般较大,导致其介电常数较大。层 2 为含碳砂土层,其介质导电性较好,相对介电常数较小。层 3 与层 4 为砾石层,相对介电常数大于含碳砂土层。

玉树断裂带探地雷达剖面的探测效果表明采用天线中心频率为 500 MHz 的探地雷达基本可以实现浅表层的层位分布及几何形状的有效探测,但当地下岩层比较复杂,如盘琼沟处存在落石的地质环境,无法实现对地下岩层和断层的有效探测。实际探测活动断层时,可以选择低频率(如 100 MHz)和高频率(500 MHz)的雷达天线组合方式进行探测,既实现了对浅表层断层及层位的高分辨率探测,又实现了对复杂地质环境下深部断层的探测。为了获取探地雷达剖面精确的位置信息,探地雷达天线可以和高精度的 GPS 结合应用。

选择中心频率为500 MHz的探地雷达对玉树断裂带隆宝、昔日达、盘琼沟处活动断层进行探测。探地雷达数值模拟断层的反射波特征、探地雷达图像显示结果与探槽开挖后断裂带剖面展示的断层活动性质基本一致,证明了探地雷达可以实现对玉树断裂带活动断层快速、有效的探测。根据断层在雷达剖面上的反射波特征,对2010年玉树地震宏观震中位置的探地雷达剖面进行解译,取得了较好的效果。探地雷达应用于玉树断裂带活动断层的探测,不仅可以判定断裂带附近断层的位置、走向及空间展布,还可以将断裂带附近地下岩层层位分布和地质构造在探地雷达图像上显示出来,可得到如下结论:

(1)探地雷达作为一种重要的物探技术,可用来快速地确定探槽开挖的位置,尤其在断层出露不明显或者被湮没的地区。但探地雷达的探测效果很大程度上受地下介质的介电常数和含水量变化的影响。为了得到活断层的形态分布并准确评价其活动性,探地雷达技术必须与地质调查技术或其他的物探技术相结合联合应用于活动断层的调查研究。

(2)玉树断裂带隆宝、昔日达、盘琼沟处地质构造虽然不同,但断层破碎带在探地雷达图像上的雷达波异常都很明显。与探槽剖面相比,探地雷达图像上断层的走向有一定的偏差,但通过分析仍可以判断出玉树左旋走滑断裂带总体呈北西西走向展布。

(3)断层两侧有双曲线绕射现象,其强度较弱;连续层位反射波的同相轴会发生错断;断层处雷达反射波跟附近介质反射波特征差异较大。

以上特征为断层在雷达剖面上的反射波特征,可以作为判定断层存在的依据。

第 8 章　综合地面激光与探地雷达在理塘活动断裂上的探测应用

8.1　研究区概况

8.1.1　地貌概况

本书研究区位于“世界高城”理塘县境内，位于四川省西部甘孜藏族自治州西南部，属于青藏高原的东南缘。地势为西北高、东南低，以高原和山地地貌为主，兼有部分高山峡谷。其中，高原地貌主要分布在沙鲁里山以东、折多山以西的乡城—稻城—雅江一线以北的地区，其山岭顶面开阔平缓，呈丘状起伏、切割较深。西部和中部地区因造山运动的抬升，地势起伏较大，见图 8-1。境内的主要山脉和水系呈南北走向、东西排列，山川河流相间，山地垂直分布明显，由低到高依次出现中山、高山、极高山等类型，在山地窄谷、宽谷和高山顶部夷平面又出现台地、多平坝、高山塬类型。境内水资源丰富、河流较多，主要包括雅砻江与金沙江两大水系，主要有无量河、热依河、君坝河、桑多河、呷柯河、霍曲河、白拖河、那曲河、拉波河、章纳河、前所河等 11 条支流，有 8 条注入雅砻江，有 3 条注入金沙江。

图 8-1　研究区地貌概况

8.1.2　地质构造背景

我国西南地区的主要地震活动是由半封闭的菱形断块，即“川滇菱形断块”控制，这一菱形断块则由鲜水河断裂带、安宁河断裂带、小江断裂带和红河断裂带所围成[177]。理塘断裂带是川西北次级活动块体"川滇块体"内部一条重要的全新世走滑活动断裂，主要表现为左旋走滑的运动特征，其空间展布基本与"川滇弧形旋扭活动构造体系"中外弧带的边界断裂—鲜水河断裂平行，NW 起于蒙巴西北，向 SE 延伸经查龙、毛垭坝、理塘、甲洼、德巫至木里以北消失，全长约 400 km，总体走向 N40°～W50°，总体倾向 NE，倾角较陡。根据断裂的性质和空间展布自西北向东南分为五段，依次是卡贡断裂、章德断裂、毛亚坝断裂、理塘断裂和康嘎—德巫断裂，见图 8-2。根据遥感影像解译结果，沿断裂带形成的毛垭坝、理塘、甲洼及德巫等古近纪——第四纪盆地虽然形态、规模和下沉的幅度各不相同，但其生成和发展都受断裂控制[178]。在区域上，该断裂分布于松潘—甘孜地块西南部的义敦岛弧带及与金沙江缝合带接合部位，与其北侧和东—东南侧的甘孜—玉树断裂、鲜水河断裂、安宁河断裂、大凉山断裂、荣经—马边断裂等一起，构成了青藏高原东南部侧向滑移构造系统[179]。

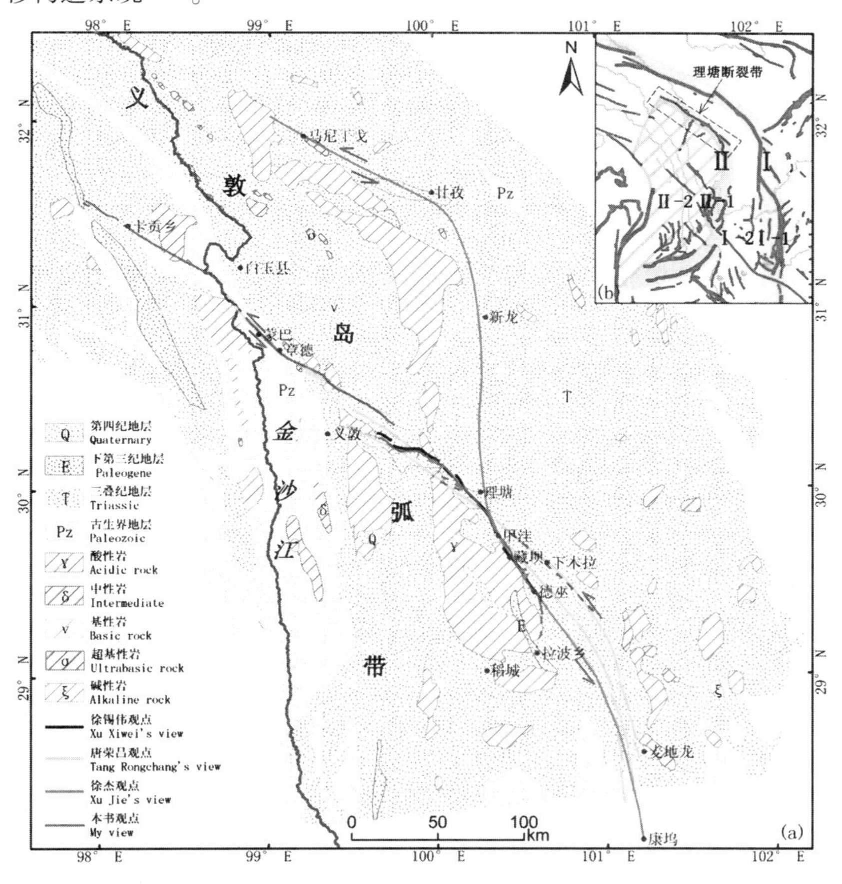

图 8-2　研究区区域背景（马丹，2013）

根据板块构造的理论，理塘断裂带所处的构造地质单元为"理塘次生扩张带"，是经过多个阶段的地质构造运动形成的[180]。从奥陶纪到三叠纪，在晋宁运动铸就扬子板块基底的基础上，开始处于探槽的发育阶段。早二叠世末，于甘孜—理塘—木里一线开始形成次生扩张裂谷，于晚三叠世封闭合拢，从而结束地槽发展历史。在此过程中，该区域内的沉积物较东西两侧的火山弧和弧后盆地先行隆起。自早古近系开始，理塘次生扩张带得到进一步的发展，表现为强烈的隆起和高原的抬升。新近纪至早更新世时，沉积盆地隆起得到阶段性的提升，大部分地区耸入雪山以上，自然地理面貌有了很大的改观。中更新世纪至全新世随着古地理环境的变化，并伴随着强烈的断块运动，形成了与现今较一致的地貌。晚更新世以来，由于青藏高原隆起的影响，沉积盆地被抬升至 3 600~4 000 m 的高程上，气候的发展方向逐渐有温湿变为干冷。

8.1.3　理塘断裂带的整体活动性

理塘活动断裂带上的各次级断裂在几何展布上呈斜接或间断分布，整条断裂带未贯通全区，甚至在各次级断裂之间存在长达几千米到十几千米的断层空缺[181]。整体呈略向北东东凸出的弧形展布，在空间展布上，理塘断裂带明显偏离、切割中生带晚期生成的近南北向甘孜—理塘深断裂带，表现出第四纪新生断裂的基本构造特征[182-184]。历史地震和古地震研究表明，自第四纪以来理塘断裂带表现出较强的活动性，沿断裂带不仅出现了一系列由断层错断洪积扇和冲沟形成的线性陡坎和断塞塘、串珠状水系和泉水等微观地貌标志，而且出现一系列的受断层控制的第四纪盆地，尤其是理塘—甲洼一带比较突出。自 1930 年以来理塘断裂带发生的 4.5~5.9 级的地震达 27 次之多，如 1930 年的 5.5 级地震、1948 年的 7.2 级地震、1968 年的理塘南西的 5.7 级地震、1979 年沙马西 5.0 级地震和 1986 年理塘南东的 5.6 级地震等。虽然沿断裂带周围的地震活动比较频繁，但基本都是在 6.0 级以下，除 1948 年的 7.2 级地震外很少发生过强烈的地震。这些揭示了理塘断裂的晚第四纪活动性不是太强，与同区域的甘孜—玉树断裂带或鲜水河—小江断裂带相比活动性明显较弱。

整个理塘断裂带上的空间展布和几何结构具有比较明显的不连续性，主要由四条次级断裂，呈不连续的右阶斜列展布，由北西向南东依次是卡贡断裂（F1）、章德断裂（F2）、毛垭坝断裂（F3）、理塘—德巫断裂（F4），这 4 条断裂之间未发现连通的活动断层或活动断裂带，各次级断裂最晚地震地表破裂的离逝时间也不同。整条断裂以左旋走滑为主，并伴有局部的垂直运动，此外，毛垭坝断裂还带有正断的性质。根据遥感影像上各种地质—地貌体现象和断裂带上历史地震活动的分布情况，理塘断裂基本上可以毛垭坝断裂为界，断裂带上南段较北段发育成熟，晚第四纪活动性较强。历史上地震活动的分布也证实了这一论断，见图 8-2，沿断裂带 5.0 级以上的地震活动多分布在南段，且比较集中，特别是在区域应力高集中区的弧形拐弯地段或各断裂段之间的间断地段，例如 1948 年的 7.2 级理塘地震就发生在理塘断裂段与康嘎—德巫断裂段的阶区部位，震中位于甲洼藏坝一带。而理塘—德巫断裂又是整条断裂中的主干断裂，新构造地貌及地震地质说明自第四纪以来活动性比较强烈，并且以理塘—甲洼一带特别突出。理塘—德巫断裂的运动性较复杂，除左旋走滑外，局部地区还兼有逆冲性质。

8.2　禾尼处

禾尼处位于理塘县西北部，距县城 57 km。地理位置为东经 99.89°，北纬 30.23°，位于川藏公路 318 国道旁，从地貌上可以判断为正断层陡坎。正断层陡坎的左边为河流，右边是公路。靠近河流的地方,地表存在少量较明显的地表破裂。由于长时间的沉积作用,断层陡坎右边的地表形变不太明显。地面较平坦,夹杂有直径较大的石块,地貌概况如图8-3所示。

根据研究区的地质条件和周围环境,为了更全面反映断裂的浅层地下几何形态和走向,沿断裂走向均匀布置4条测线,如图8-3虚线所示,选择中心频率为500 MHz和250 MHz的天线沿各测线分别采集水平距离约为70 m的二维剖面数据。在测线1和测线2之间地面比较平坦且碎石分布比较少的区域,利用中心频率为500 MHz的天线,以间隔1 m的距离采集10道二维剖面,测线长为20 m左右,根据探地雷达多道剖面的三维实现方法进行局部三维显示,将禾尼处正断层陡坎下的浅层地下几何分布更形象地展示出来。

图8-3　禾尼地貌状况图及探地雷达测线位置分布

8.2.1　三维地表模型

断层崖的整体彩色点云如图8-4(a)所示。由于点云不连续显示的特点,断层崖的地貌形态不够直观和明显,在点云上无法直接进行定量和半定量分析,而三角构网后的三维地表模型可以解决这一问题。三维地表模型可较好地兼顾地貌上的特征点、线,并将细微的地形变化刻画出来。本书采用软件 Geomagic Studio 对点云进行重采样后,通过不规则三角构网的方法建立了断层崖高分辨率的三维模型。图8-4(b)和(c)分别为真彩色的三维表面模型和数字高程模型(digital elevation model, DEM),图8-4(d)为通过 Golden Software Surfer 10.0 生成断层崖地表等高线图和三维表面图。从地表等高线图和三维表面图上可以清楚地判断出探测点洞玉沟沟口处的地貌为明显的阶梯状断层崖,自西向东存在T_1和T_2两阶断崖,且在断层崖下部存在地势较低的凹槽型区域[见图8-4(d)],这与现场地质调查的结果一致,从地貌形态上进一步定量地证明了此区域存在潜伏地堑区。为获取2阶断崖的垂直位错量,在高精度DEM上垂直于断层走向依次提取4条断崖剖面[见图8-4(c)中的1、2、3和4],其具体的二维地形剖面如图8-5所示。剖面1和2是在T_1断崖处提取的地形剖面,在水平距离12~22 m内坡面发生明显变化[见图8-5(a)、(b)],剖面2拟合后的垂直断距分别为1.15 m和1.13 m,那么剖面2的平均垂直断距1.14 m即为T_1断崖处的垂直断距。剖面3和4是在T_2断崖东、西两端处分别提取的二维地形剖面,在水平距离20~50 m内坡面发生明显变化,2剖面拟合后的垂直断距分别为6.1 m和5.3 m。与T_1断崖处的垂直断距相比,T_2断崖处2剖面的垂直断距拟合结果相差较大,这是因为T_2断崖的分布范围较大,地表地貌形态分布不均匀,导致不同位置处断层崖的垂直断距不同,本书以2处剖面垂直断距的平均值5.7 m作为T_2断崖处的垂直断距。根据地面三维激光扫描仪获取的高精度三维空间数据,通过提取4处不同位置的地形剖面最终可以得到T_1和T_2断崖的垂直断距分别为1.14 m和5.7 m。通过地面三维激光扫描仪建立的断层崖三维地表模型不仅为研究和理解活断层的地貌和形变演化提供了精细的基础数据,还有助于进一步定量或半定量分析断层崖的几何学、运动学和动力学特征。

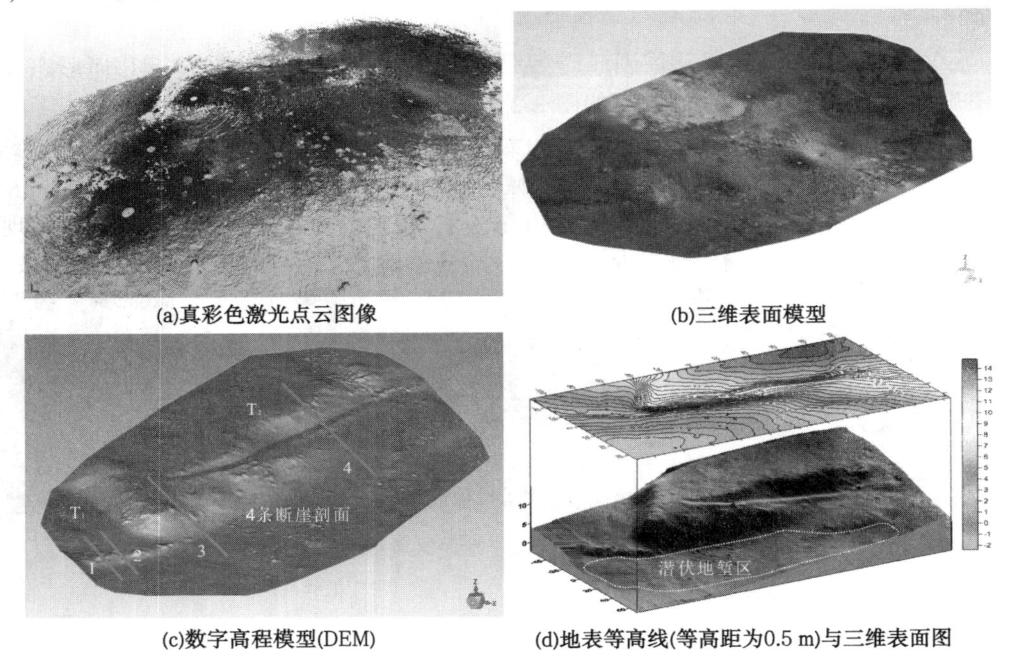

(a)真彩色激光点云图像

(b)三维表面模型

(c)数字高程模型(DEM)

(d)地表等高线(等高距为0.5 m)与三维表面图

图 8-4 断层崖三维地表模型

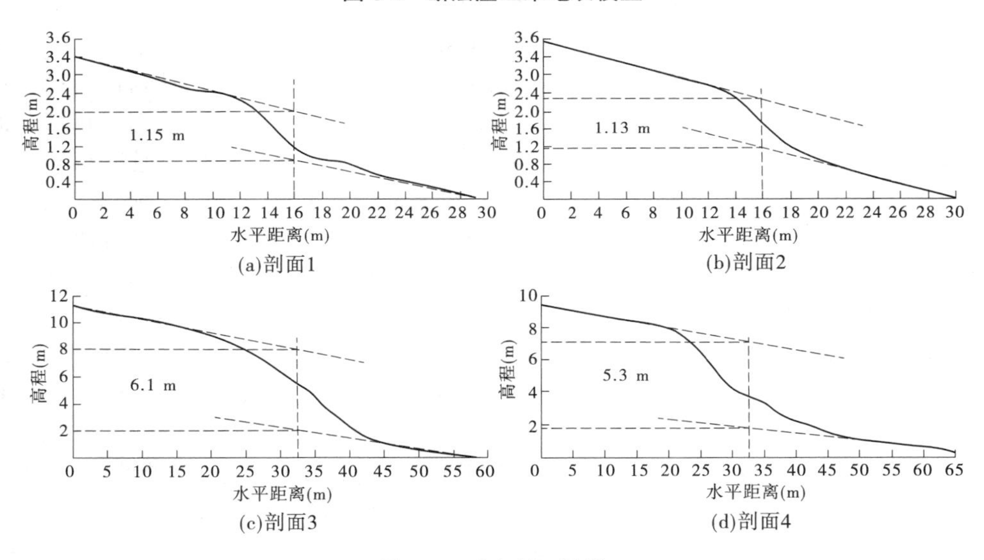

(a)剖面1

(b)剖面2

(c)剖面3

(d)剖面4

图 8-5 垂直断距计算

8.2.2 探地雷达图像

经数据处理后的中心频率为 250 MHz 和 500 MHz 的探地雷达图像如图 8-6 所示,水平方向表示探地雷达天线在地面上行进的距离,竖直方向(图像左侧)表示电磁波传播的双程时间,竖直方向(图像右侧)表示时深转换后电磁波的探测深度。图 8-6(a)、(b)为测线 1 处中心频率为 250 MHz 和 500 MHz 的探地雷达图像,图像上最大探测深度分别为 6.5 m 和 2.5 m。在两不同中心频率的雷达图像上,电磁波反射波能量在水平距离约 54 m 处均发生了明显变化。相对于图像上两侧电磁波反射波能量较强的区域,水平距离约 54 m 处存在自地表向下的弱电磁波反射波能量区,整体呈倾斜状分布,尤其是 500 MHz 中心频率的探地雷达图像中表现得更为明显,由此初步判断此电磁波能量的强弱交界区存在断层 F1[见图 8-6(a)、(b)]。此外,水平距离约 54 m 处的地形陡然变化也进一步指示了断层 F1 的存在。

图 8-6(c)、(d)为测线 2 处中心频率为 250 MHz 和 500 MHz 的探地雷达图像。根据电磁波反射波的能量强弱及波形特征的变化,水平距离 15~58 m 范围内为电磁波异常区,整体呈楔状分布且延伸至深部,上部宽度约 40 m,下部宽约 16 m(约 6 m 深),电磁波异常区的形态与断层楔构造相一致,初步判断此异常区为断层楔构造,尤其在 250 MHz 中心频率的探地雷达图像上比较明显。在电磁波异常区内,雷达波反射波的特征也存在不同程度上的差别,异常区中间位置(水平距离约 37 m)的电磁波反射波的能量较弱,而其两侧区域的电磁波反射波的能量较强,这指示了此区域内存在断层 F2。左侧区域(水平距离 15~37 m)内的电磁波反射波能量分布比较均匀,波形比较规则且同相轴的连续性较好,而右侧区域(水平距离 37~58 m)内的电磁波反射波能量分布不均匀,上部能量较强且波形比较混乱,反射波同相轴的连续性较差,这表明两区域内的物质组分不同。因此,依据电磁波反射波的能量强弱及波形特征的变化,水平距离 15~58 m 的电磁波异常区为断层楔构造,电磁波能量强弱交界处分别为断层存在区域。其中,断层 F1 和 F3 位于磁波异常区域的两个边界处,应为断层楔构造的边界断层,而断层 F2 位于电磁波异常区内部,推断为断层楔内部的次级断层。

图 8-6(e)、(f)为测线 3 处水平距离约 73 m 的 250 MHz 和 500 MHz 中心频率的探地雷达图像,在水平距离 0~30 m 和 35~70 m 范围内存在明显的电磁波异常区,区域内的电磁波反射波能量较强,其他区域的电磁波反射波能量较弱。水平距离 0~30 m、深 0~2 m 范围内(白色虚线)的电磁波异常区主要分布在深部,电磁波反射波能量较强且同相轴比较连续,而异常区下部的电磁波反射波能量分布均匀,能量较弱。根据电磁波异常区的几何形态,初步判断该电磁波异常区为沉积区。与测线 2 处水平距离 15~55 m 范围内电磁波异常区的电磁波特征相似,水平距离 35~70 m 范围内存在的电磁波异常区为断层楔构造。其中,水平距离 35 m 和 70 m 处的电磁波反射波能量强弱分界线为断层楔构造的边界断层 F1 和 F3,水平距离约 55 m 处的电磁波能量强弱异常区解译为断层楔内部的次级断层 F2。测线 4 处的探地雷达图像[见图 8-6(g)、(h)]更加验证了断层楔构造的存在。与测线 2 和 3 处的构造形态相比,此处断层楔构造的分布范围较小,地表宽约为 15 m,断层 F1、F2 和 F3 相交于地下约 2 m 处。

综合四处不同频率探地雷达天线的探测结果,可识别出断层 F1 和 F3 之间区域为主要的活断层变形带,其最大宽度约 40 m,二维剖面图上具有典型的断层楔构造特征,平面上应对应中间宽、向两端变窄的小型地堑构造,断层 F1 和 F3 为地堑构造的两条边界断层,F2 则属于地堑内部的次级正断层,三条断层呈近 EW 走向。其中,F1 为主断层面,倾向 SW,倾角接近 90°;F2 和 F3 则倾向 NE,倾角相对较小。不同中心频率天线的探地雷达浅层探测结果更进一步证实了毛垭坝盆地北缘主边界断裂应属于典型的正断层。此外，从探地雷达图像上可总结出沉积层和断层楔的雷达波响应特征。由于与周围介质存在较大差异，电磁波在沉积层中的反射波能量和波形都会发生明显变化，沉积作用发生的过程比较缓慢，其内部介质分布比较均匀。因此，沉积区域内电磁波能量反射强度比较均匀，两边电磁波同相轴基本相对称并向中间方向弯曲，而在沉积区底部电磁波同相轴则呈近水平方向。断层构造楔的电磁波异常区域整体呈楔状分布且延伸至深部，两边界处存在明显电磁波异常且波形比较混乱，其内部也存在指示次级断层的电磁波异常，且在断层楔内部和边界接近地面处的电磁波连续同相轴往往会发生中断。

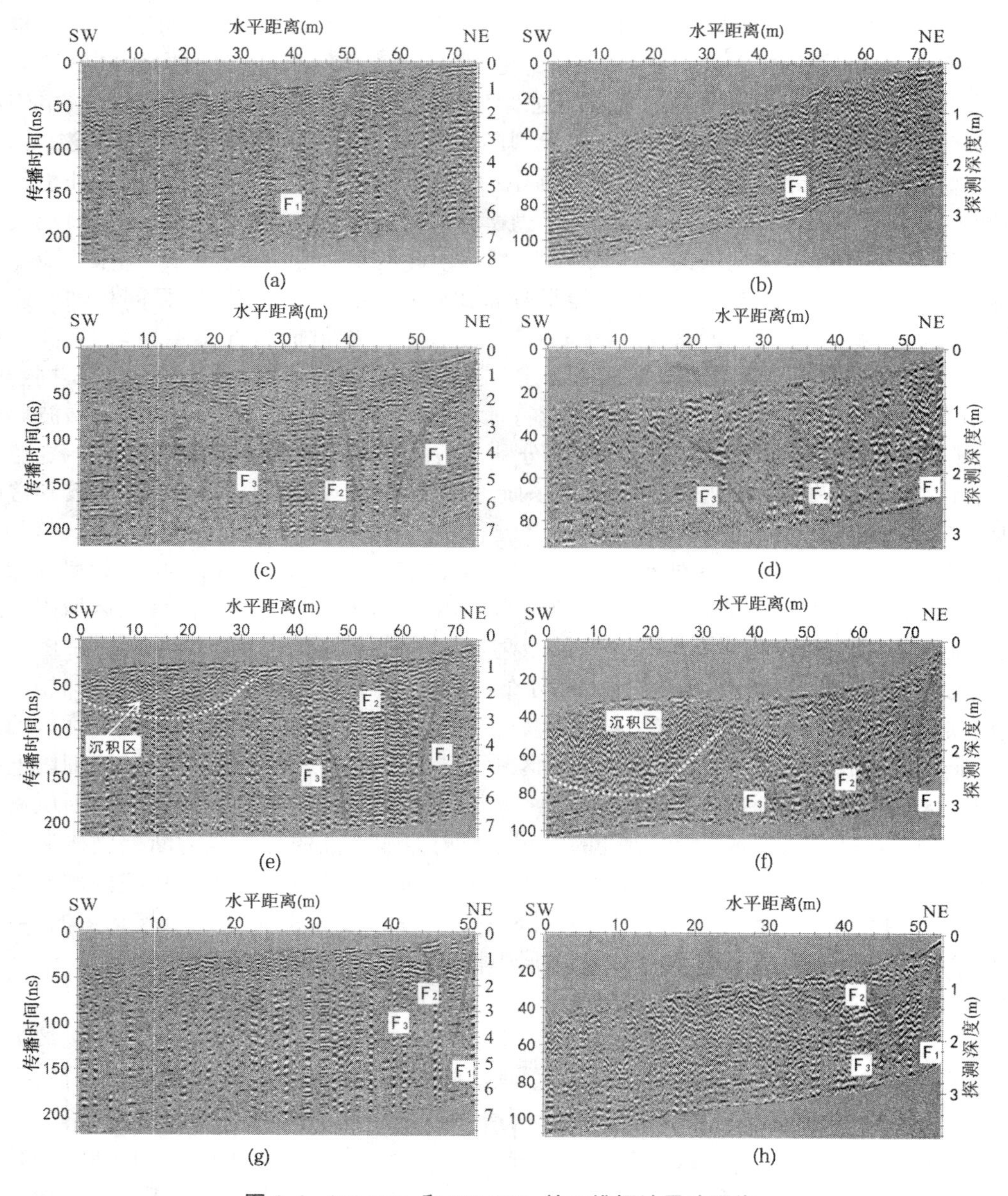

图 8-6　250 MHz 和 500 MHz 的二维探地雷达图像

8.2.3 三维探地雷达图像

根据四处不同位置处中心频率为250 MHz和500 MHz探地雷达天线的探测结果,选择地面比较平坦且碎石分布较少的区域,采用中心频率为500 MHz的探地雷达天线以1 m为间隔分别采集10道互相平行的二维剖面(长约20 m),经过探地雷达数据处理后(见图8-6),将所有的二维剖面导入云处理与显示软件Bentley Pointools software,如图8-7(a)、(b)所示。在探地雷达剖面上,浅颜色区域的电磁波反射波能量较弱,深颜色区域内电磁波反射波能量较强,根据电磁波反射波能量强弱可以明显判断出宽约20 m的电磁波异常区域,其形态整体呈楔状,电磁波异常区的分界线分别为断层F1和F2,此解译结果与测线2处的中心频率500 MHz探地雷达天线的探测效果一致[见图8-3(c)、(d)]。在图8-7(b)的三维探地雷达剖面图上,依据10道二维探地雷达剖面上解译出断层F1和F2的位置,可将断层F1和F2的位置及准确走向(黑色虚线)在平面上绘出,即断层F1和F2在地表的精确位置及走向。两条断层中间区域为地堑区,这进一步限定了地堑区的分布范围。在三维探地雷达剖面图的基础上,利用线性空间插值方法重建地下三维图像,其效果如图8-7(c)、(d)所示。相对于二维剖面图,地下三维图像将活断层地下浅层结构更形象、直观地展示出来,断层构造形态也更加确切,从而为活断层三维建模提供精确的数据支持。

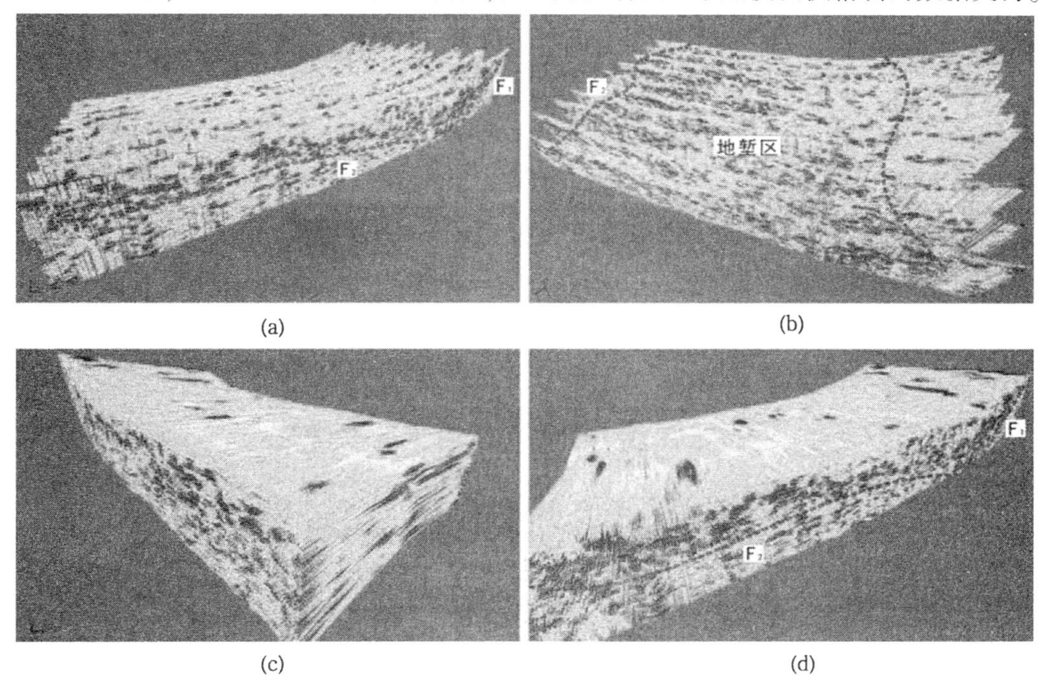

图8-7 三维探地雷达图像

8.2.4 点云与探地雷达图像初步融合效果

点云处理与显示软件Bentley Pointools Software展示的融合效果如图8-8所示。其中,图8-8(a)、(b)为点云与探地雷达二维剖面的融合效果,图8-8(c)、(d)为点云与探地雷达三维图像的融合效果。在图 8-8(b)中测线 1 处的三维激光点云上,根据点云形态特征和高程变化可识别出地表破裂(黑色箭头)和断层崖的位置(白色箭头)。根据地面激光点云的地貌形态变化可推断此区域为活断层所经过的区域,这为此位置处探地雷达剖面上电磁波异常的解译提供了参考(测线 1),而且根据断层崖的形态可确定出断层的位置及走向[见图 8-8(b)]。在图 8-8(d)中,根据三维雷达图像解译出的断层 F1 在地表位置及准确走向(黑色虚线)可最大限度减少外部环境(沉积、风化等)对地表地貌形态的改造,恢复原始地貌形态,重新定位断层在地表的位置及走向,限定地表下变形带的宽度、地质构造形态、断层位错等。地面三维激光点云与探地雷达数据之间的无缝融合,实现了活断层微地貌地表和浅层空间数据的一体化显示,为活断层微地貌形态表达提供多视角、多层次的空间数据,提高了复杂地质条件下断层在探地雷达图像上的识别和解译精度,也为活断层的定量分析提供了新的研究思路和手段。

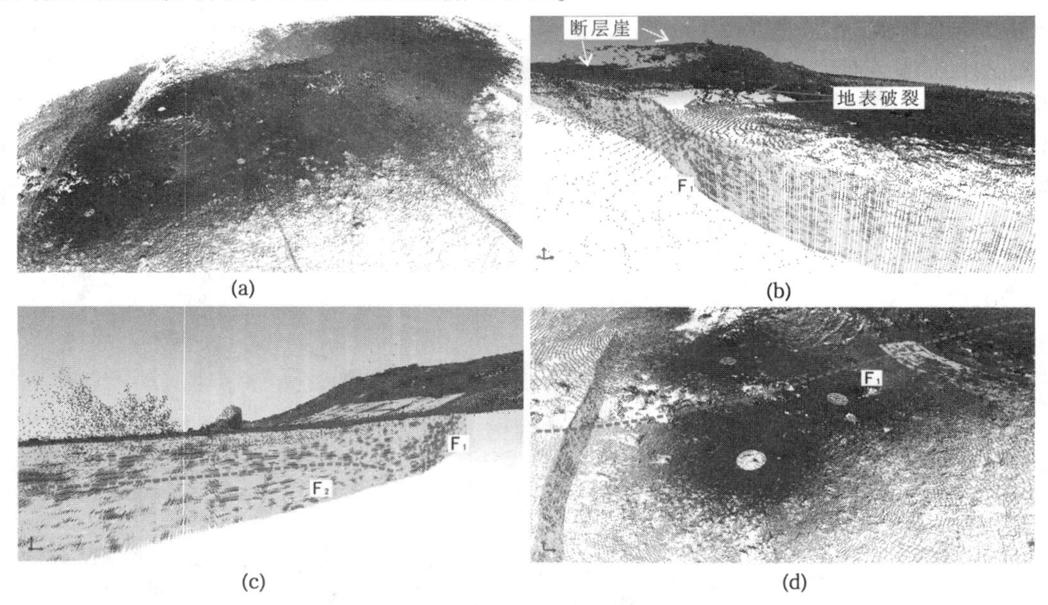

图 8-8 点云与探地雷达图像初步融合效果

8.3 村戈处

8.3.1 研究点概况及数据采集

村戈处距理塘县城以西 5 km,地理位置在东经 100.12°,北纬 29.58°。位于河流峡谷中间,地势比较平坦,有些地方地势较低,且存在积水,地表自北西到南东方向存在明显的地表破裂。

根据研究点的地质条件和周围环境,地面三维激光扫描仪获取的三维地表模型如图 8-9 所示。垂直于地表破裂走向布置 3 条间隔为 50 m 的探地雷达测线,如图 8-9 黑色虚线所示,选择中心频率为 500 MHz 和 250 MHz 的天线沿各测线分别采集地下浅层的二维剖面，根据已知地表破裂的形状，验证断裂在探地雷达图像上的雷达波响应特征。

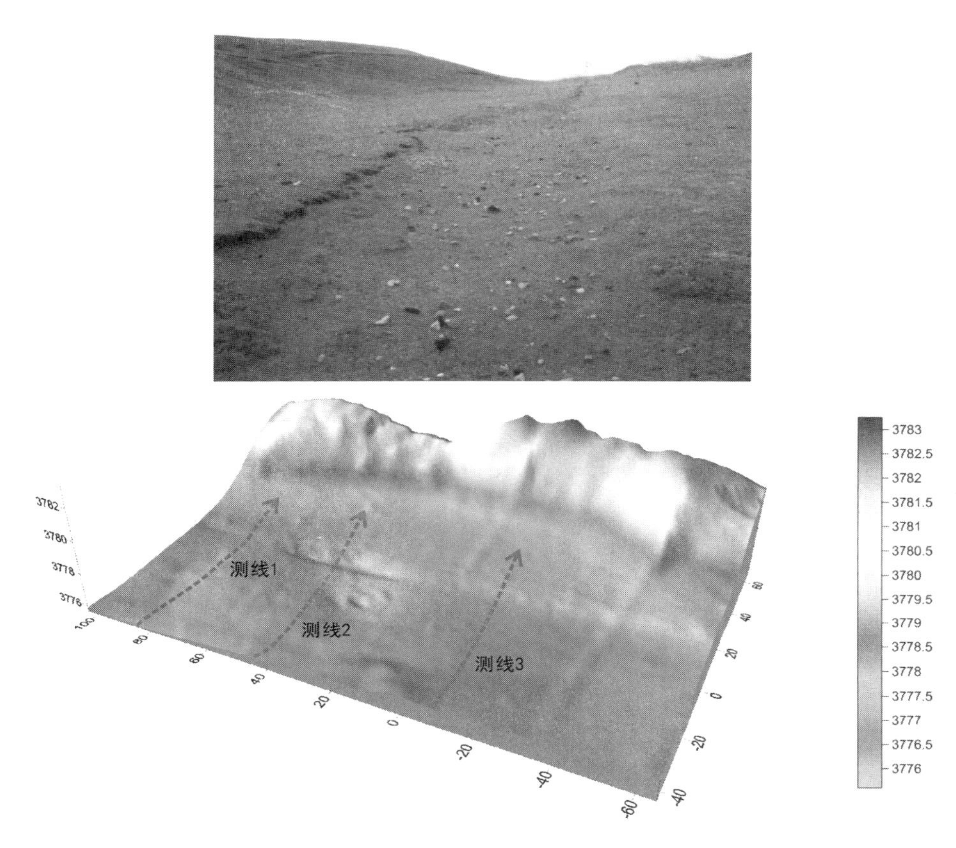

图 8-9　地貌状况图及测线位置分布

8.3.2　探地雷达图像

测线 1 位置处的探地雷达图像如图 8-10(a)所示，从不同频率的探地雷达图像上可以看出在水平距离 20~30 m 处连续的水平反射波信号发生了中断(黑色区域)，且两边层位有错动，结合探地雷达图像可以看出地形在此处发生明显的变化，结合正演模拟总结的断层在探地雷达图像上的判定特征，判断为断裂经过的区域。测线 2 位置处的探地雷达图像如图 8-10(a)所示，水平距离 10 m 和 20~30 m 处连续的水平反射波信号发生了中断(黑色虚线区域与黑色区域)，通过 500 MHz 的图像可以清晰识别出红色区域内两边的层位有明显错动，位置与测线 1 处异常相同，为断裂经过区域。黑色异常区域内的电磁波强度发生明显变化，中间区域内的电磁波湮没区，根据数据采集时记录的照片，其地面上积水较多，导致浅层土壤下水分含量较多，电磁波能量被吸收，探地雷达反射天线发射的电磁波无法被接收天线接收。测线 3 位置处的探地雷达图像如图 8-10(c)所示，与测线 1 的效果相同，在水平距离 20~30 m 处连续的水平反射波信号发生了中断，判断为断裂经过区域。通过测线 1、2 和 3 的探地雷达图像，初步验证了断裂处雷达反射波同相轴会发生明显错动、中断或者局部缺失作为断裂在探地雷达图像上判断特征的正确性。

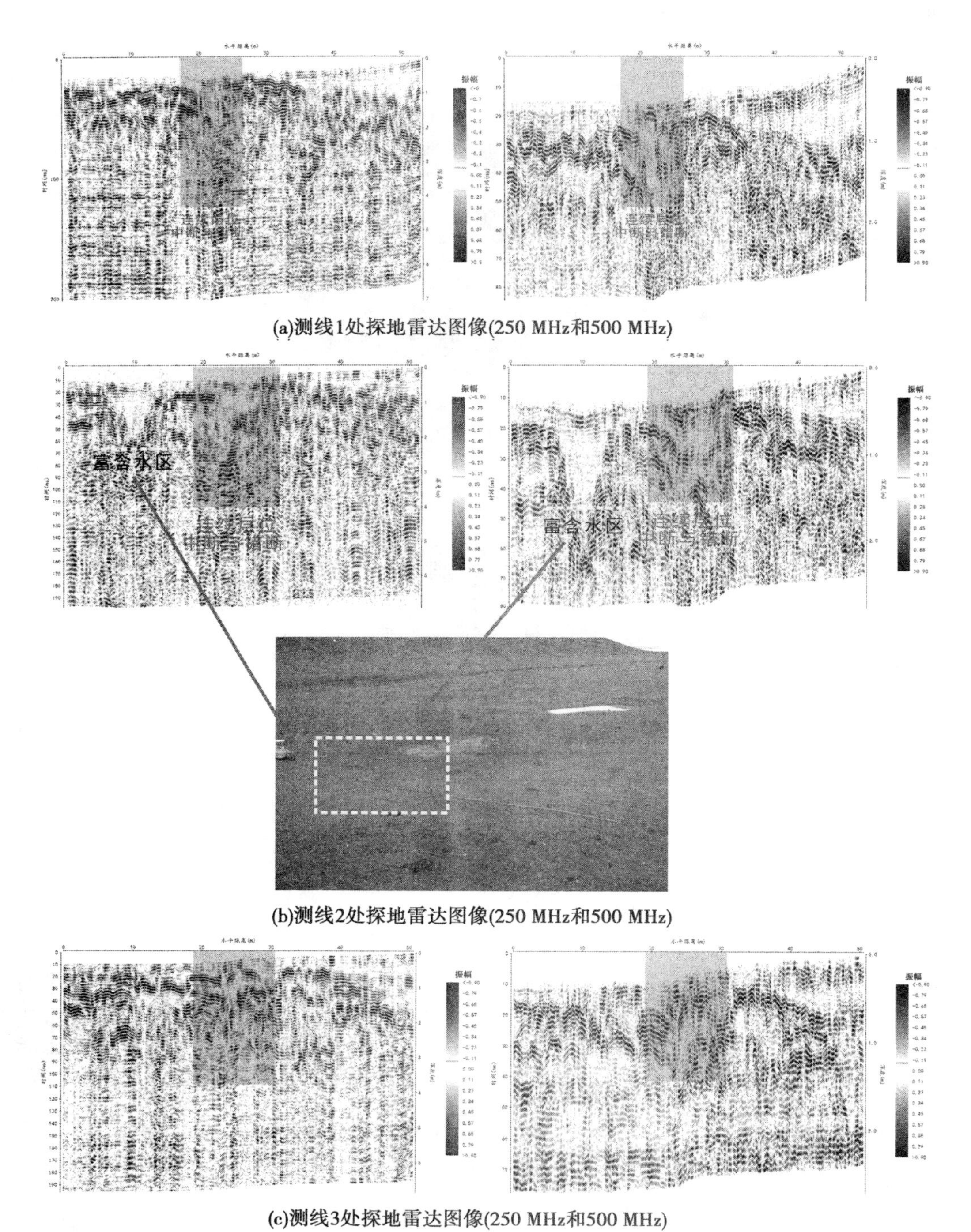

(a)测线1处探地雷达图像(250 MHz和500 MHz)

(b)测线2处探地雷达图像(250 MHz和500 MHz)

(c)测线3处探地雷达图像(250 MHz和500 MHz)

图 8-10　地貌状况图及测线位置分布

8.4 奔戈处

8.4.1 研究点概况及数据采集

奔戈处于山麓以上平坦的地方,东经 100.18°,北纬 29.52°,地表存在明显的地表变形,且地面有植被分布,地面三维激光扫描仪获取的三维地表模型如图 8-11 所示。根据研究点的地质条件和周围环境,布置 2 条垂直于地表破裂走向间隔为 50 m 的测线,如图 8-11 黑色虚线所示,选择中心频率为 500 MHz 和 250 MHz 的天线,沿各测线分别采集水平距离约为 30 m 的二维剖面数据,根据已知地表变形的大致位置,将地表变形区域内浅层的地下空间几何分布展示出来。

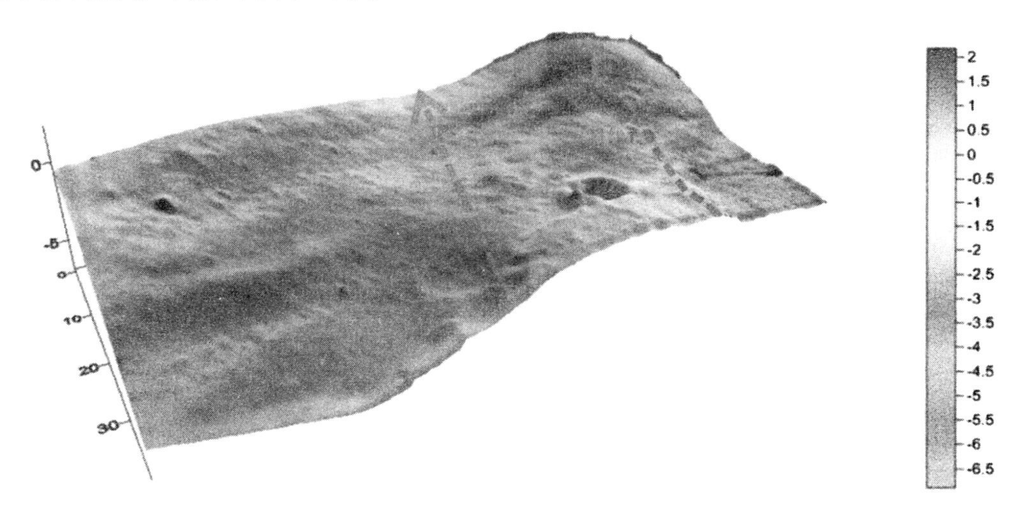

图 8-11 地貌状况图及测线位置分布

8.4.2 探地雷达图像

测线 1 位置处的探地雷达图像如图 8-12(a)所示,从两种不同频率天线的探地雷达图像上,根据地形校正后测线的高程变化,在水平距离 2~4 m 处地形存在明显变化,且在地面下探地雷达图像上电磁波反射强度发生明显变化,异常的变化呈倾斜线性分布,推断出为断裂的一边界;图像上黑色区域变形区域分布为水平距离 2~20 m 的区域,呈楔状分布,这与断裂经过区域的一般空间展布特征一致,推断此区域为断裂经过区域。

测线 2 位置处的探地雷达图像如图 8-12(b)所示,与测线 1 上电磁波异常区域相同,黑色区域为断裂经过区域,与测线 1 相比,此电磁波异常区域分布范围为水平距离 4~25 m,从测线 1 到测线 2 的方向,断裂的宽度有不断增大的趋势。

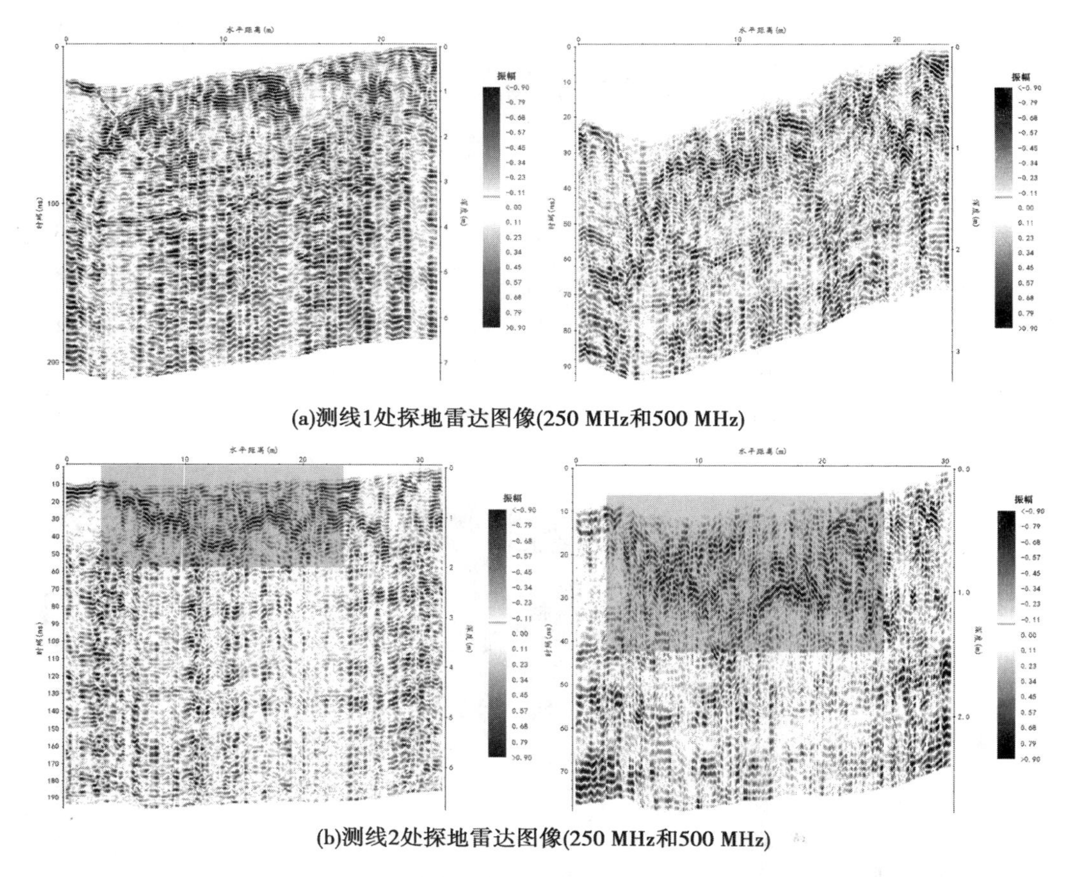

(a)测线1处探地雷达图像(250 MHz和500 MHz)

(b)测线2处探地雷达图像(250 MHz和500 MHz)

图 8-12　奔戈处探地雷达断裂区的解译图像

8.5　德巫处

8.5.1　研究点概况及数据采集

德巫处位于理塘县东南部，距离县城 85 km，地理位置东经 100.33°，北纬 29.29°，位于理塘—稻城道路旁。根据地貌形态，理塘活动断裂在此段上表现以滑动为主，冲积扇明显，由于走滑形成为地势低洼地带，沿地表自北向南存在明显地表破裂，地表较多植被、多积水，如图 8-13 所示。

由于此处地形起伏较大，根据研究点的地质条件和周围环境，布置两条沿地表破裂走向测线，在地势起伏较大区域布置约 20 m 长的测线，且存在天然的探槽剖面；另一处为地势比较平坦的区域，位于两个相对滑动山体的山口，两处剖面的位置大约相距 500 m。选择中心频率为 500 MHz 和 250 MHz 的天线，沿各测线分别采集二维剖面数据，利用已知探槽剖面验证探地雷达的探测效果。

图 8-13　德巫地貌状况图

8.5.2　探地雷达图像

探地雷达在理塘断裂上德巫处的两处测线位置如图 8-14(a)所示，一处地形起伏较大，且地表存在明显地表破裂，另一处地形比较平坦，地表无明显地表破裂。图 8-14(b)为沿地形起伏较大位置处的探地雷达图像，图像上存在两处电磁波异常区域，分布位于水平距离4～8 m 和 12～22 m，其中 4～8 m 处异常区域电磁波强度较强，且呈楔状分布，宽度大约为 4 m，初步判断为断裂经过区域。12～22 m 处连续层位发生错动，可能存在断层分布。为验证探地雷达图像的效果，在离测线 5 m 位置存在一断层，经过修葺后的探槽剖面如图 8-14(b)所示，经过对比虚线区域存在一断层楔，这与探地雷达图像上 4～8 m 异常区域相对应。

测线 2 位置处的的探地雷达图像如图 8-14(c)所示，此两幅图像上电磁波异常区域比较明显，主要为连续层位现象发生中断，结合异常区域地面上地形变化特征，推断出此区域为断裂经过的区域。

(a)德巫处的测线位置1、2分布图

图 8-14　德巫处探地雷达断裂区的解译图像

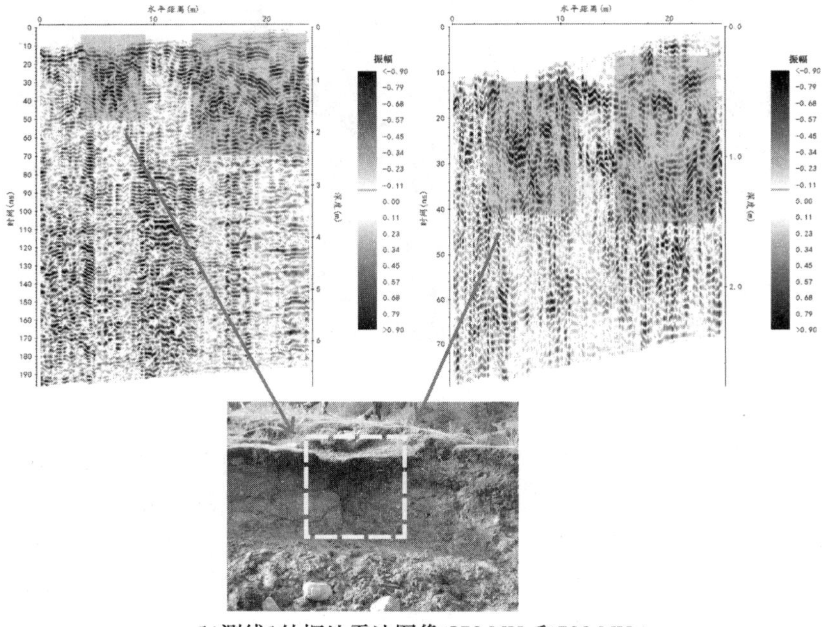

(b)测线1处探地雷达图像(250 MHz和500 MHz)

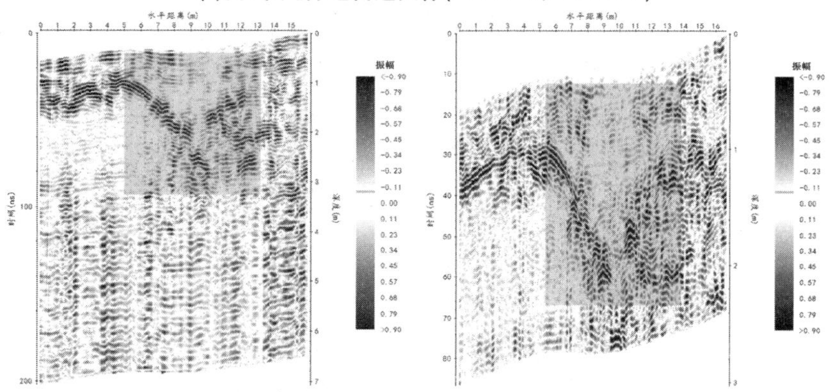

(c)测线2处探地雷达图像(250 MHz和500 MHz)

续图 8-14

8.6 认识及结论

与地面三维激光扫描仪相比,探地雷达在数据采集过程中易受数据采集区域条件(地形、土壤性质、电磁干扰等)、参数设置(中心频率,道间距、采样频率等)和数据采集方式等因素的影响,使雷达图像上产生的干扰波较多,影响有效信号的识别和解译。探测时应最大限度减少外部环境的干扰(高压线、电线杆、车辆和手机等),以获取高信噪比的图像。受探地雷达天线极化方式的影响,当雷达测线与断层走向正交时,断层雷达波反射信号的强度最强;当测线与断层走向平行时,反射信号强度最弱。因此,采用探地雷达进行断层浅层结构探测时,测线的布置应尽量垂直于断层走向的方向,当遇到隐伏断裂或地表破裂不明显的情况时,应依据已有的地质调查资料或利用探地雷达初步确定出断层的大致走向后,再进行测线布置和数据采集。此外,活断层浅层结构往往比较复杂,单一频率探地雷达天线的探测效果易具有不确定性和多解性,建议选择多频率(高频、中频和低频)探地雷达天线相结合的方式进行探测,中、低频天线可获取大范围内深度较深(最大深度可达到约 100 m)的图像,适用于表达断层浅层结构的整体形态;而高频天线则可获取分辨率达厘米级的高分辨率图像,适用于表达断层浅层的局部精细形态。多频率探地雷达天线组合探测的方式克服了单一频率天线的缺点,可同时获取不同深度、不同分辨率的断层浅部结构图像,提高了在探地雷达图像中识别和解译断层的准确性。

相对二维探地雷达剖面,三维探地雷达图像不仅能将断层崖地下浅层结构更形象、直观地展示出来,使断层构造形态更加确切,也可确定断层 F1 和 F2 在地表水平面上的精确位置及走向。探地雷达剖面上的断层楔构造和地表水平面上 F1 和 F2 的走向更进一步证明了断层崖下部存在的指示伸展变形特征的小地堑,从而更精确地限定了地表及地下小地堑的分布范围,同时也为活断层三维建模提供精确的数据支持。在三维探地雷达图像的基础上,初步实现了地面三维激光点云与探地雷达图像之间的无缝融合,为活断层微地貌形态表达提供多视角、多层次的空间数据。地面激光点云中含有丰富的空间结构、形态特征和光谱特征可提高探地雷达图像的识别和解译精度,而探地雷达图像可最大限度减少外部环境(沉积、风化等)对地表地貌形态的改造,恢复原始地貌形态,重新定位断层在地表的位置及走向,限定地表下变形带宽度、地质构造形态、断层位错等。

本书所得到的川西理塘毛垭坝盆地边界断裂的研究结果表明,综合地面三维激光与探地雷达的活断层浅层三维结构探测方法,不仅可以更好地获得断层的所错动的不同时代阶地的位移,也进一步证实了该断层的性质,并可限定断层隐伏于地表下的变形带性质及宽度变化等。良好的应用效果也充分说明,综合地面三维激光和探地雷达技术获取断层微地貌和浅表三维结构的方法,具有数据采集效率高、可重复探测及对地表环境无破坏的特点,有助于快速获取断层带的典型地貌形态和浅表的主断层位置、产状、结构和变形带宽度等重要数据。本章仍只是探索性地应用两种技术,初步验证了其在理塘活断层上的应用效果,但将此方法在不同地貌和不同性质活断层的应用效果如何,还需做大量的实验研究工作。同时,两种数据可视化的形式比较单一,需进一步研究与其他数据,如栅格数据(DEM)、矢量数据及地下模型等多类型数据的融合方法。激光点云中含有丰富的断层空间结构、形态特征和光谱特征等信息,可辅助探地雷达图像的解译,但具体的解译方法仍有待进一步深入的研究。

第 9 章　总结和展望

9.1　总　结

本书提出结合地面激光与探地雷达应用于断层微地貌和地下浅层结构的探测，重点对两传感器探测断层微地貌和地下浅层结构方法及两者结合应用的关键技术进行了系统性研究，本书的主要研究成果如下：

（1）在简要介绍地面激光和探地雷达工作原理的基础上，系统总结了地面激光和探地雷达获取断层微地貌和浅层地下浅层结构的采集方法及数据处理流程，证明了这两种技术在断层研究中的优势和前景，为以后利用地面激光与探地雷达获取断层数据提供了技术参考。

（2）根据地面激光采集的断层微地貌的点云与地物照片，建立了断层微地貌形态识别和定量分析的基本流程。在获取高精度数字高程模型的基础上，利用坡度图和等高线图实现了断层地表变形的提取，提出利用切片技术精确获取地表变形二维断面，并采用最小二乘的拟合方法对地表变形的位错量进行了定量研究，将此技术应用于理塘断层禾尼处正断层陡坎的地表变形提取，并精确计算出了断层的位错量。

（3）在分析地形起伏变化对雷达图像解译影响的基础上，提出考虑地形校正的 GPR 数据处理方法，设计并实现了探地雷达与 GPS 数据同步采集方案，利用 GPS 数据实现探地雷达图像的地形校正。在获取多道平行二维剖面的基础上，实现了探地雷达图像的三维显示和水平切片显示，提高了地质复杂地区雷达图像上断层识别的准确率。

（4）采用时间域有限差分法初步总结出断层的雷达波响应特征。针对复杂地区断层的地下浅层结构，结合探测区域的特点，在获取多道平行二维剖面的基础上，采用三维显示和水平切片技术将地下浅层结构更直观地显示出来，在一定程度上降低图像的解译难度，提高了探地雷达图像上断层识别的准确率。

（5）将两者数据结合应用于活断层探测，提出三个方面的结合应用并进行了深入的研究：①从激光点云生成的数字高程模型上提取出测线的地形剖面实现了雷达图像的地形校正，着重分析了不同分辨率 DEM 对雷达图像地形校正效果的影响。在考虑计算效率和精度条件下，DEM 分辨率应于探地雷达数据采集道间距保持一致。②在利用地面激光获取探槽剖面的基础上，提出利用探槽剖面的正射影像来建立精确的数值模型，通过数值模拟来辅助实测图像的解译。③在探地雷达与 GPS 的实时同步采集的基础上，根据探地雷达数据采集的特点，改进了电磁波在介质中的传播模型，实现了探地雷达数据与激光点云数据的精确融合，即点云与探地雷达数据的一体化显示，满足断层研究的精度要求。

9.2 展　望

本书尽管对地面激光和探地雷达探测断层地表地下浅层结构技术进行了深入性研究,取得了一定的成果。本书只是针对其中的一些关键技术问题进行了研究,初步实现了地面激光与探地雷达在断层上的应用,仍需要进一步改进和研究的包括以下内容:

(1)本书主要解决的问题是地面激光和探地雷达结合探测断层的技术,而对于综合利用两数据分析断层活动的研究分析较少,需结合地质领域做更进一步深入研究。

(2)本书初步实现地面激光点云与探地雷达数据的地上地下一体化显示,地下异常形变是通过强度值的变化识别,其数据主要是以点的形式表现出来的,数据可视化的形式比较单一,有待进一步提高。还需进一步研究与其他数据的融合方式,如栅格数据(DEM)、矢量数据及地下模型数据等不同类型数据的融合方法。

(3)目前,机载激光系统也开始广泛应用于断层的调查,获取数据范围较广,但精度较差。机载激光主要获取的是大范围断层的信息,而通过地面激光和探地雷达则比较适合型局部区域的探测。因此,机载激光、地面激光与探地雷达相结合研究断层将成为未来关注的方向。

参考文献

[1] Wood H O. The earthquake problem in the western United State [J]. Seism Soc Am Bull, 1916, 6: 181-217.

[2] Willis B. A fault map of California [J]. Seism Soc Am Bull, 1923, 13: 1-12.

[3] 丁国瑜.中国活断层研究近况(综述)[J]. 国际地震动态, 1982(10): 1-4.

[4] 许学汉.活断层与地质灾害[J].水文地质工程地质, 1990(4): 26-28.

[5] 高维明, 陈兆恩, 任利生. 中国活断层的基本特征[J].地震, 1993(1): 1-5.

[6] 邓起东.中国活动构造研究[J].地质评论, 1996, 42(4): 295-299.

[7] 许学汉.活断层与地质灾害[J].水文地质工程地质, 1990(4): 26-28.

[8] 张培震, 邓起东, 张竹琪, 等. 中国大陆的活动断裂、地震灾害及其动力过程[J].中国科学:地球科学, 2013, 43: 1607-1620.

[9] 谢富仁, 张世民, 张永庆, 等. 中国大陆活断层大震复发间隔[J]. 震灾防御技术, 2013, 8(1): 1-10.

[10] 董晓光.试论活断层与地震活动[J]. 河南地质, 1998, 16(4): 281-284.

[11] 张永庆, 谢富仁. 活断层地震危险性的研究现状和展望[J]. 震灾防御技术, 2007, 2(1): 64-74.

[12] 邓起东, 张培震, 冉勇康, 等. 中国活动构造与地震活动[J].地学前缘, 2003, U08:66-72.

[13] 邓起东. 城市活断层探测和地震危险性评价问题[J]. 地震地质, 2002, 24(4): 601-605.

[14] 李海兵,司家亮, 潘家伟, 等.活断层的形变特征及其大地震复发周期的估算[J].地质通报, 2008,27(12): 1968-1989.

[15] 陈涛, 张培震, 刘静, 等. 机载激光雷达技术与海原断层带的精细地貌定量化研究[J].科学通报, 2014, 59: 1293-1304.

[16] Zielke O, Arrowwsmith J R, Ludwig L G, et al. Slip in the 1857 and earlier large earthquake along the Carrizo Plain, San Andress fault [J]. Science, 2010, 327: 1119-1122.

[17] Oskin M E, Arrowwsmith J R, Corona A H, et al. Near-field deformation from the EI Mayor-Cucapath earthquake revealed by differential LiDAR [J]. Science, 2012, 335:702-705.

[18] 任治坤, 陈涛, 张会平, 等. LiDAR 技术在活动构造研究中的应用[J].地质学报, 2014, 88(6): 1197-1202.

[19] Ralf G, Alan G, Klaus H, et al. Shallow geometry and displacements on the San Andreas Fault near Point Arena based on trenching and 3-D georadar surveying[J].Geophysical research letters, 2002, 29(20): 34-36.

[20] Mark D, David C N. Recent vertical offset and near-surface structure of the Alpine Fault in Westland, New Zealand, from ground penetrating profiling [J].New Zealand Journal of Geology & Geophysics, 1998,41:485-492.

[21] 刘静, 陈涛, 张培震, 等. 机载激光雷达扫描揭示海原断裂带微地貌的精细结构[J].科学通报, 2013, 58(1): 41-45.

[22] 陈涛, 张培震, 刘静, 等. 机载激光雷达技术与海原断裂带的精细地貌定量化研究[J].科学通报, 2014(14):1293-1304.

[23] Muraoka H, Kamata H. Displacement distribution along minor fault traces [J]. J.Struct.Geol. 1983, 5: 483-495.

[24] Peacock D C, Sanderson D J. Displacements, segment linkage and relay ramps in normal fault zones [J]. J. Struct. Geol, 1991, 13: 721-733.

[25] Walsh J J, Watterson J. Distributions of cumulative displacement and seismic slip on a single normal fault surface [J]. J. Struct. Geol. 1987, 9: 1039-1046.

[26] Dawers N H, Anders M H, Scholz C H. Growth of normal faults: Displacement-length scaling [J]. Geology, 1993, 21(12):1107.

[27] Cowie P A, Shipton Z K. Fault tip displacement gradients and process zone dimensions [J]. Tournal of structural Geology.1998,20(8):983-997.

[28] Maerten L, Pollard D D, Maerten F. Digital mapping of three dimensional structures of the Chimney Rock fault system, central Utah [J]. Tournal of structural Geology.2001,23(4):585-592.

[29] 张培震，王琪，马宗晋. 青藏高原现今构造形变特征与 GPS 速度场[J].地学前缘，2002，9(2)：443-447.

[30] 张静华，李延兴，郭良迁，等. 用 GPS 测量结果研究华北现今构造形变场[J].大地测量与地球动力学，2004，24(3)：40-46.

[31] Tapponnier P, Molnar P. Active Faulting and Tectonics in China [J]. Journal of Geophysical Research, 1977, 82(20): 2905-2930.

[32] Peltzer G, Tapponnier P. Formation and evolution of strike-slip faults, rifts, and basins during the India-Asia collision: An experimental approach [J]. Journal of Geophysical Research .1998, 93: 15085-15117.

[33] Armijo R, Tapponnier P, Han T. Late Cenozoic right-lateral strike-slip faulting in southern Tibet [J]. Journal of Geophysical Research: Solid Earth (1978—2012), 1989, 94(B3): 2787-2838.

[34] Meyer B, Tapponnier P, Bourjot L, et al. Crustal thickening in Gansu-Qinghai, lithospheric mantle seduction, and oblique, strike-slip controlled growth of the Tibet Plateau[J].Geophysical Journal International,1998,135 (1):1-47.

[35] 马洪超，姚春静，张生德. 机载激光雷达在汶川地震应急响应中的若干关键问题探讨[J].遥感学报，2008，12(6)：925-932.

[36] 马洪超. 激光雷达测量技术在地学中的若干应用[J].地球科学，2011，36(2)：347-354.

[37] 佘金星，程多祥，刘飞，等. 机载激光雷达技术在地质灾害调查中的应用——以四川九寨沟7.0级地震为例[J].中国地震，2018，34(3)：435-444.

[38] Hudnut K W. High-Resolution Topography along surface rupture of the October 1999 Hector Mine, California, Earthquake (M7.1) from Airborne Laser Swath Mapping [J]. Bulletin of the Seismological Society of America, 2002, 92(4): 1570-1576.

[39] Hussain F. Building extraction and Rubble mapping for city Port-au-Prince post-2010 earthquake with Geo-Eye-1 imagery and Lidar data [J].Photogrammetric Engineering and Remote Sensing, 2011, 77: 1011-1023.

[40] Kayen R B. Imaging the M7.9 Denali Fault Earthquake 2002 rupture at the Delta River using LiDAR, RADAR, and SASW Surface Wave Geophysics[C]. American Geophysical union Fall meeting Abstracts, 2004,SllA-0999.

[41] 李峰，许锡伟，陈桂华，等. 高精度测量方法在汶川 M_s8.0 地震地表破裂带考察中的应用[J].地震地质，2008，30(4)：1065-1074.

[42] 冉勇康，邓起东. 古地震学研究的历史、现状和发展趋势[J].科学通报，1999，44(1)：12-20.
[43] 许洪泰. 探槽技术在古地震研究中的应用[J].华北地震科学，2010，28(3)：21-23.
[44] Sieh K E. Pre-historic large earthquake produced by slip on the San Andreas Fault at PallettCreek，California[J].JGR，1978，83：3907-3939.
[45] Pantosti D，Addezio G，Cinti F R. Palaeoseismicity of the Ovindoli-Pezza fault，central Apennines，Italy：A history including a large previously unrecorded earthquake in the Middle Ages（860-1300 A.D.）[J].J. Geophys.Res，1996，101：5937-5959.
[46] Rockwell T，Ragona D，Seitz G，et al. Palaeoseismology of the North Anatolian Fault near the Marmara Sea：implications for fault segmentation and seismic hazard[C]//：Reicherter，K.，Michetti，A. M. & Silva P. G.（eds）Palaeoseismology：Historical and Prehistorical Records of Earthquake Ground Effects for Seismic Hazard Assessment. The Geological Society，London，Special Publications，2009，316：31-54.
[47] Aved N M，Ashutosh K，Sravanthi S. Ground Penetrating Radar in Investigation along Pinjore Garden Fault：Implication toward identification of shallow subsurface deformation along active fault，NW Himalaya [J]. Research Communications，2007，93(10)：1422-1427.
[48] Cristina P，Costanzo F，Alessandro F，et al. Ground Penetrating radar investigations to study active faults in the Norcia Basin(central Italy)[J]. Journal of Applied Geophysics，2010，72：39-45.
[49] Salvi S，Cinti F R，Coini L，et al. Investigation of the active Celano-L' Aquila fault system，Abruzzi（central Apennines，Italy）with combined ground-penetrating radar and palaeoseismic trenching [J]. Geophys.J.Int，2003，155：805-818.
[50] Kevin B A，Janmes A S，John A H. Application of geomorphic analysis and ground-penetrating radar to characterization of paleoseismic sites in dynamic alluvial environment：an example from southern California [J]. Tectonophysics，2003，368：25-32.
[51] Alastair F M，Pilar V，Alan G G. Assessing the contribution of off-fault deformation to slip-rate estimates within the Taupo Rift，New Zealand，using 3-D ground-penetrating radar surveying and trenching[J]. Terra Nova，2009，21(6)：446-451.
[52] Haugerud R，Harding D，Johnson S，et al. High-resolution LiDAR topography of Puget Lowland Washington-A bonanza for earth science[J].Geol Today，2003，13：4-10.
[53] 梁静，张继贤，刘正军. 利用机载 LIDAR 点云数据提取电力线的研究[J]. 测绘通报，2012(7)：17-29.
[54] Anderson D L，Ames D P. A method for extracting stream channel flow paths from LiDAR point cloud data [J]. Journal of Spatial Hydrology，2011，11：1-17.
[55] Bawden G W. Evaluating Tripod Lidar as earthquake response tool[C]. American Geophysical Union Fall Meeting,2004.
[56] Kayen R，Pack R T，Bay J，et al. Terrestrial-LIDAR visualization of surface and structural deformations of the 2004 Niigata Ken Chuetsu[J].Japan，earthquake：Earthquake Spectra，2006，22：147-162.
[57] Oldow J S，Singleton E S. Application of terrestrial laser scanning in determining the pattern of late Pleistocene and Holocene fault displacement from the offset of pluvial lake shorelines in the Alvord extensional basin，northern Great Basin，USA[J].Geosphere，2008，4：536-563.
[58] Wiater T，Reicherter K，Papanikolaou I. Terrestrial laser scanning of an active fault in Greece Kaparelli Fault[C]. International Workshop on Earthquake Archaeology and Palaeoseismology，Baelo Claudia，Spain（2009）.

[59] Gold R D, Cowgill E, Arrowsmith J R, et al. Faulted terrace risers place new constraints on late Quaternary slip rate for the central Altyn Tagh fault, northwest Tibet[J].Geological Society of America Bulletin, 2011, 123: 958-978.

[60] Gold P O, Cowgill E, Kreylos O, et al. A terrestrial lidar-based workflow for determining three-dimensional slip vectors and associated uncertainties [J].GEOSPHERE, 2012, 8(2):431-442.

[61] Bubeck A, Wilkinson M, Roberts G P, et al. The tectonic geomorphology of bedrock scarps on active normal faults in the Italian Apennines mapped using combined ground penetrating radar and terrestrial laser scanning [J]. Geomorphology, 2015, 237:38-51.

[62] 袁小祥，王晓青，窦爱霞，等. 基于地面 LIDAR 玉树地震地表破裂带的三维建模分析[J].地震地质，2012，34(1)：39-46.

[63] 李树德. 活动断层分段研究[J]. 北京大学学报(自然科学版)，1999，35(6)：768- 773.

[64] 徐锡伟. 活动断层、地震灾害与减灾对策问题[J]. 震灾防御技术，2006，1(1)：7- 13.

[65] 沈建文，蔡长青. 地震危险性分析与抗震设防标准的确定[J]. 地震工程与工程振动，1997，17(2)：27-36.

[66] Audru J C, Banob M, Beggc J, et al. GPR investigations on active faults in urban areas: The Georisc-NZ project in Wellington, New Zealand [J]. Earth and Planetary Sciences. 2001, 333: 447-454.

[67] Slater L, Niemi T M. Ground-penetrating radar investigation of active faults along the Dead Sea Transform and implications for seismic hazardswithin the city of Aqaba, Jordan [J]. Tectonophysics, 2003, 368: 33- 50.

[68] Rashed M, Kawamuraa D, Nemotoa H, et al. Ground penetrating radar investigations across the Uemachi fault, Osaka, Japan[J]. Journal of Applied Geophysics, 2003, 53: 63-75.

[69] Rashed M, Kawamuraa D. High-resolution shallow seismic and ground penetrating radar investigations revealing the evolution of the Uemachi Fault system, Osaka, Japan [J]. The Island Arc, 2004, 13: 144-156.

[70] Liberty L M, Hemphill-Haley M A, Madinc I P. The Portland Hills Fault: uncovering a hidden fault in Portland,Oregon using high-resolution geophysical methods[J]. Tectonophysics, 2003, 368: 89-103.

[71] Khorsandi A, Abdali M, Miyata T, et al. Application of GPR Method Due to Active Faults Determination in Urban Area, Case Study: North Shahre Ray Fault, South of Tehran, Iran[C]. 2011 International Conference on Environment Science and Engineering, 2011.

[72] Carpentier S F, Green A G, Doetsch J, et al. Recent deformation of Quaternary sediments as inferred from GPR images and shallow P-wave velocity tomograms: Northwest Canterbury Plains, New Zealand [J]. Journal of Applied Geophysics, 2012, 81:2-15.

[73] 薛建，贾建秀，黄航，等. 应用探地雷达探测活动断层[J]. 吉林大学学报(地球科学版)，2008，38(2)：347-350.

[74] 薛建，黄航，张良怀. 探地雷达方法探测与评价长春市活动断层[J]. 物探与化探. 2009，33(1)：63-66.

[75] 崔国柱，李恩泽，曾昭发. 活动断层与地球物理方法[J]. 世界地质，2003，22(2)：185-190.

[76] 李征西，曾昭发，李恩泽，等. 地球物理方法探测活动断层效果和方法最佳组合分析[J]. 吉林大学学报(地球科学版)，2005，35：110- 114.

[77] 李建军，张军龙. 探地雷达在探测潜伏活动断层中的应用[J]. 地震，2015，35(4)：83- 89.

[78] Salvi S, Cinti F R, Colini L, et al. Investigation of the active Celano-L' Aquila fault system, Abruzzib (central Apennines, Italy) with combined ground-penetrating radarand palaeoseismic trenching[J]. Geo-

phys. J. Int. 2003, 155: 805-811.

[79] Anderson K B, Spotila J A, Hole J A. Application of geomorphic analysis and ground-penetrating radar to characterization of paleoseismic sites in dynamic alluvial environments: an example from southern California [J]. Tectonophysics, 2003, 368: 25- 32.

[80] Malik J N, Kumar A, Satuluri S, et al. Ground-Penetrating Radar Investigations along Hajipur Fault: Himalayan Frontal Thrust—Attempt to Identify Near Subsurface Displacement, NWHimalaya, India[J]. International Journal of Geophysics, 2012.

[81] Cahit C Y, Erhan A, Maksim B, et al. Application of GPR to normal faults in the Buyuk Menderes Graben, western Turkey[J]. Journal of Geodynamics, 2013, 65: 218-227.

[82] Chow J, Angelier J, Hua J, et al. Paleoseismic event and active faulting:from ground penetrating radar and high-resolution seismic reflection profiles across the Chihshang Fault. Eastern Taiwan [J]. Tectonophysics, 2001, 33: 241- 259.

[83] Dentith M A O, Clark D. Ground penetrating radar as a means of studying palaeofault scarps in a deeply weathered terrain, southwestern Western Australia [J]. Journal of Applied Geophysics, 2010, 72: 92-101.

[84] Ercoli M, Pauselli C, Frigeri A, et al. 2D AND 3D GROUND PENETRATING RADAR (GPR) CAN IMPROVE PALEOSEISMOLOGICAL RESEARCHES: AN EXAMPLE FROM THE MT. VETTORE FAULT (CENTRAL APPENNINES, ITALY)[C]. GNGTS 2011.

[85] Ercoli M, Pauselli C, Frigeri A,et al. 2D-3D GPR signature of shallow faulting in the Castelluccio di Norcia basin (Central Italy)[C]. EGU General Assembly, 2012.

[86] Gross R, Green A, Holliger K, et al. Shallow geometry and displacements on the San Andreas Fault near Point Arena based on trenching and 3-D georadar surveying [J]. Geophysical research letters, 2002, 29.

[87] Cristina P, Costanzo F, Alessandro F, et al. Ground penetrating radar investigation to study active faults in the Norcia Basin (central Italy) [J]. Journal of Applied Geophysics, 2010, 72: 39-45.

[88] 张迪, 李家存, 吴中海, 等. 探地雷达在探测玉树走滑断裂带活动性中的初步应用[J]. 地质通报, 2015, 34(1): 204- 216.

[89] 栗毅, 黄春琳, 雷文太. 探地雷达理论与应用[M]. 北京: 科学出版社, 2011.

[90] Millard S G, Shaw M R, Giannopoulos A, et al. Modeling of subsurface pulsed radar for nondestructive testing of structures[J]. ASCE J Mater Civil Eng, 1998, 10: 96-188.

[91] Maurizio E, Cristina P, Alessandro F, et al. "Geophysical paleoses-mology" through high resolution GPR data: A case of shallow faulting imaging in Central Italy [J]. Journal of Applied Geophysics, 2013, 90: 27-40.

[92] Green A G, Gross R, Holliger K, et al. Results of 3-D georadar surveying and trenching the San Andreas fault near its northern landward limit [J]. Tectonophysics, 2003, 368: 7-23.

[93] Gross R, Green A G, Horstmeyer H, et al. 3-D georadar images of an active fault: efficient data acquisition, processing and interpretation strategies [J]. Subsurface Sensing Technologies and Applications, 2003, 4(1): 19-40.

[94] Vanneste K, Verbeeck K, Petermans T. Pseudo-3D imaging of a low-slip-rate active normal fault using shallow geophysical methods: the Geleen fault in the Belgian Mass River valley [J]. Geophysics, 2008, 73 (1): B1-B9.

[95] McClymont A F, Green A G, Kaiser A, et al. Shallow fault segmentation of the Alpine fault zone, New Zealand revealed from 2- and 3-D GPR surveying [J]. Journal of Applied Geophysics, 2010, 70 (4):

343-354.

[96] Carpentier S F A, Green A G, Langridge R. et al. Flower structures and Riedel shears at a step over zone along the Alpine Fault (New Zealand) inferred from 2-D and 3-D GPR images[J]. Journal of Geophysical Research, 2012:117.

[97] Dlesk A. Documentation of Historical Underground Object in Skorkov Village with Selected Measuring Methods, Data Analysis and Visualization[J]. ISPRS - International Archives of the Photogrammetry, Remote Sensing and Spatial Information Sciences, 2016, XLI-B5:251-254.

[98] Ercoli M, Brigante R, Radicioni F, et al. Inside the polygonal walls of Amelia (Central Italy): A multidisciplinary data integration, encompassing geodetic monitoring and geophysical prospections[J]. Journal of Applied Geophysics, 2016, 127:31-44.

[99] Cowie P A, Phillips R J, Roberts G P, et al. Orogen-scale uplift in the central Italian Apennines drives episodic behaviour of earthquake faults [J]. Scientific Reports, 2017, 7:44858.

[100] Aziz A S, Stewart R R, Green S L, et al. Locating and characterizing burials using 3D ground-penetrating radar (GPR) and terrestrial laser scanning (TLS) at the historic Mueschke Cemetery, Houston, Texas[J]. Journal of Archaeological Science Reports, 2016, 8:392-405.

[101] Heikkilä R, Kivimäki T, Leppälä A, et al. 3D Calibration of GPR (Ground Penetrating Radar) for Bridge Measurements - Case Kajaani Varikko Bridge[C]// International Symposium on Automation and Robotics in Construction. 2010.

[102] Spahic D, Exner U, Behm M, et al. Structural 3D modelling using GPR in unconsolidated sediments (Vienna basin, Austria). [J]. Trabajos De Geologia, 2010, 29:250-252.

[103] Watters M, Wilkes S. Integrating 3D Surface and Sub-surface Data for Heritage Preservation and Planning [J/OL]. Lidar Magazine, 2013,3(4):10-16.

[104] Schneiderwind S, Mason J, Wiatr T, et al. 3-D visualisation of palaeoseismic trench stratigraphy and trench Logging using terrestrial remote sensing and GPR-a multiparametric interpretation [J]. Solid Earth, 2016, 7:323-340.

[105] 张会霞, 朱文波. 三维激光扫描数据处理理论及应用[M]. 北京: 电子工业出版社, 2012.

[106] 李清泉, 李必军. 激光雷达测量技术及其应用研究[J]. 武汉测绘科技大学学报, 2000, 25(5): 387-392.

[107] 李清泉, 杨必胜, 史文中, 等. 三维空间数据的实时获取、建模与可视化[M].武汉: 武汉大学出版社, 2003.

[108] 马力广. 地面三维激光扫描测量技术研究[D]. 武汉:武汉大学, 2005.

[109] El-Said M A H. Geophysical Prospection of Underground Water in the Desert by Means of Electromagnetic Interference Fringes [J]. Proceedings of the IRE, 1956, 44(1):24-30.

[110] Waite A H, Schmidt S J. Gross errors in height indication from pulsed radar altimeters operating over thick ice or snow [J]. IRE International Convention Record, 1964: 38-54.

[111] Simmons G, Strangway D, Annan A P, et al. Surface Electrical Properties Experiment, in Apollo 17: Preliminary Science Report, Scientific and Technical Office, NASA, Washington D.C[R]. 1973:15-115-14.

[112] Ward S H, Phillips R J, Ryu J, et al. Apollo lunar sounder experiment, in Apollo 17, Preliminary Science Report, Scientific and Technical Office, NASA, Washington, D.C[R].1973:22-1-22-26

[113] Morey R M. Continuous Subsurface Profiling by Impulse Radar, Conference on Subsurface Exploration for Underground Excavation and Heavy Construction [J]. American Society of Civil Engineer: 1974,

213-232.

[114] Annan A P, Davis J L. Impulse Radar Soundings in Permafrost [J]. Radio Science, 1976, 11: 383-394.

[115] Davis J L, Annan A P. Ground Penetrating Radar for High-resolution Mapping of Soil and Rock Stratigraphy [J]. Geophysical Prospecting, 1989, 37: 531-551.

[116] Coon J B, Fowler J C, Schafer C J. Experimental Uses of Short Pulse Radar in Coal Seams [J].Geophysics, 1981, 8:1163-1168.

[117] Cosgrove R B, Milanfar P, Kositsky J. Trained detection of buried mines in SAR images via the deflection-optimal criterion [J].IEEE Transactions on Geoscience and Remote Sensing,2004, 42(11):2569-2575.

[118] Wilson J N, Gader P. A large-scale systematic evaluation of algorithms using ground-penetrating radar for landmine detection and discrimination [J]. IEEE Transactions on Geoscience and Remote Sensing, 2007, 45(8):2560-2572.

[119] 李延军.探地雷达干扰抑制及波速估计问题的研究[D]. 成都：电子科技大学, 2008.

[120] Cosgrove R B, Milanfar P, Kositsky J. Trained detection of buried mines in SAR images via the deflection-optimal criterion [J]. IEEE Transactions on Geoscience and Remote Sensing.2004, 42(11):2569-2575.

[121] Carl L. Surface penetrating radar for Mars exploration [D]. Lawrence: university of Kansas, 2001.

[122] Jol H M. Ground Penetrating Radar: Theory and Applications [M].Elsevier science, 2009.

[123] 曾昭发, 刘四新, 王者江, 等. 探地雷达方法原理与应用[M]. 北京：科学出版社, 2006.

[124] 李大心. 探地雷达方法与应用[M]. 北京：地质出版社, 1994.

[125] 张凯. 三维激光扫描数据的空间配准研究[D]. 南京:南京师范大学. 2008.

[126] FARO 三维激光扫描仪说明文档.

[127] Fenner T J. Recent Advances in Subsurface Interface Radar Technology[C]. In Fourth International Conference on Ground-Penetrating Radar, Finland.1992:13-19.

[128] Greaves R J, Lesmes D R, Lee J M, et al. Velocity Variation and Water Content Estimated from Multi-Offset, Ground Penetrating Radar [J]. Geophysics, 1996, 61 (3): 683-695.

[129] Adrian, Ground-penetrating radar and its use in sedimentology: principles, problems and progress [J]. Earth-Science Reviews, 2004, 66:261-330.

[130] 张剑清, 潘励, 王树根, 等. 摄影测量学[M]. 武汉:武汉大学出版社, 2003.

[131] 陆兴昌,宫辉力,赵文吉,等.基于激光扫描数据的三维可视化建模[J].系统仿真学报, 2007, 7(19): 1624-1629.

[132] 周华伟. 地面三维激光扫描点云数据处理与模型构建[D]. 昆明:昆明理工大学, 2011.

[133] 刘云广. 基于地面三维激光扫描技术的形变监测数据处理[D]. 北京:北京建筑大学, 2013.

[134] 谢宏全, 侯坤. 地面三维激光扫描技术与工程应用[M]. 武汉:武汉大学, 2013.

[135] 张毅. 地面三维激光扫描点云数据处理方法研究[D]. 武汉:武汉大学, 2009.

[136] 郑德华. 三维激光扫描数据处理的理论与方法[D]. 上海:同济大学, 2005.

[137] 刘云峰. 基于截面特征的反求工程 CAD 建模关键技术研究[D]. 杭州:浙江大学, 2004.

[138] 孟娜. 基于激光扫描点云的数据处理技术研究[D]. 济南:山东大学, 2009.

[139] 孙伟. 地下管线探测数据处理与可视化研究[D]. 郑州:解放军信息工程大学. 2012.

[140] 尹仁泉. 地震数据三维可视化技术研究[D]. 成都:成都理工大学. 2009.

[141] 周辉, 王兆磊, 韩波, 等. 同时实现探地雷达数据地形校正和偏移成像方法[J]. 吉林大学学报

(地球科学版), 2004, 34(3): 460.
[142] Yilmaz O. Seismic data processing [M]. Society of Exploration Geophysicists, 1987.
[143] Percy D, Peterson C. Rapid acquisition of ground penetrating radar enabled by LIDAR [J]. Digital Mapping Techniques, 2006, 8(10): 183-185.
[144] Mercedes S, Henrique Lo, Alexandre N, et al. Evaluation of ancient structures by GPR (ground penetrating radar): The arch bridges of Galicia (Spain)[J]. Scientific Research and Essays, 2011, 6(8): 1879.
[145] Vitalii P, Volodymyr I, Sergiy K, et al. Topographic correction of GPR profile based on odometer and inclinometer data[C]. 14th International Conference on Ground Penetrating Radar, Shanghai. China, 2012.
[146] 曾昭发, 刘四新, 冯晅, 等. 探地雷达原理与应用[M]. 北京:电子工业出版社, 2010.
[147] 李亚飞. 探地雷达超前地质预报正演模拟[D]. 北京:北京交通大学, 2011
[148] 刘俊. 路面雷达电磁波的二维时域有限差分法模拟及应用研究[D]. 郑州:郑州大学, 2006.
[149] Yee K S. Numerical solution of initial boundary value problems involving Maxwell's equation inisotropic media [J]. IEEE Trans. Antennas Propagat, 1966, 14:302-307.
[150] Yee.K.S. Numerical solution of initial boundary value problems involving Maxwell equation in isotropic media [J]. IEEE Transactions on Antennas and Propagation.1996:302-307.
[151] 葛德彪,闫玉波.电磁波时域有限差分方法[M]. 西安:西安电子科技大学出版社, 2002.
[152] Antonio G. The Investigation of Transmission-Line Matrix and Finite-Difference Tine-Domain Method for the Forward Problem of Ground Probing Radar [D]. York:University of York, 1997.
[153] 栗毅, 黄春琳, 雷文太. 探地雷达理论与应用[M]. 北京: 科学出版社, 2006.
[154] Izabela L, Julia A, Pedro A, et al. Historic bridge modeling using laser scanning, ground penetrating radar and finite element methods in the context of structural dynamics[J].Engineering Structures, 2009 (31): 2667-2676.
[155] Mercedes S, Henrique L, Alexandre N. et al. Evaluation of ancient structures by GPR (ground penetrating radar): The arch bridges of Galicia (Spain)[J].Scientific Research and Essays, 2011, 6(8): 1877-1884.
[156] Mercedes S, Henrique L, Alexandre N, et al. Structural analysis of the Roman Bibei bridge(Spain) based on GPR data and numerical modeling[J].Automation in Construction, 2012(22): 334-339.
[157] Ivan P, Mercedes S, Higinio G,et al. Validation of mobile LiDAR surveying for measuring pavement layer thicknesses and volumes[J]. NDT&E International, 2013, 60: 70-76.
[158] Timo S, Annele M, Petri V. The Use of Ground Penetrating Radar, Thermal Camera and Laser Scanner Technology in Asphalt Crack Detection and Diagnostics[C].7th RILEM International Conference on Cracking in Pavement, 2012,137-145.
[159] 冉勇康, 邓起东. 古地震学研究的历史、现状和发展趋势[J]. 科学通报, 1999, 44(1): 12-20.
[160] 邓起东.中国活动构造研究的进展与展望[J]. 地震论评, 2002, 48(2): 168-171.
[161] Millard S G, Shaw M R, Giannopoulos A, et al. Modeling of subsurface pulsed radar for nondestructive testing of structures[J]. ASCE J Mater Civil Eng 1998, 10:188-96.
[162] Giannopoulos A. Modelling ground penetrating radar by GprMax[J]. Constr Build Mater, 2005, 19 (10):755-762.
[163] 李清泉. 三维空间数据的实时获取、建模与可视化[M]. 武汉:武汉大学出版社, 2003.
[164] 王晏民,郭明,王国利,等. 利用激光雷达技术制作古建筑正射影像图[J].北京建筑工程学院学

报,2006,22(4):19-22.
[165] 闻学泽, 徐锡伟, 郑荣章, 等. 甘孜—玉树断裂的平均滑动速率与近代大地震破裂[J]. 中国科学(D辑),2003(S1):199-208.
[166] 孙鑫喆, 徐锡, 陈立春, 等. 2010年玉树地震地表破裂带典型破裂样式及其构造意义[J].地球物理学报, 2012, 55(1): 155-170.
[167] 徐锡伟, 闻学泽, 郑荣章, 等. 川滇地区活动块体最新构造变动样式及其动力来源[J].中国科学(D辑), 2003, 33:151-162.
[168] 张培震, 邓起东, 张国民, 等. 中国大陆的强震活动与活动地块[J].中国科学(D辑), 2003, 33(增刊): 12-20.
[169] 任俊杰, 谢富仁, 刘冬英, 等. 2010年玉树地震的构造环境、历史地震活动及其复发周期估计[J].震灾防御技术, 2010, 5(2): 228-233.
[170] 程丰, 李德威, Jerry B, 等. 玉树地震地表破裂特征及其破裂方式[J].大地构造与成矿学, 2012, 36(1): 69-75.
[171] 陈正位, 杨攀新, 李智敏, 等. 玉树7.1级地震断裂特征与地震地表破裂带[J]. 第四纪研究, 2010, 30(3): 628-631.
[172] 闻学泽, 黄圣睦, 江在雄, 等. 甘孜—玉树断裂带的新构造特征与地震危险性估计[J].地震地质, 1985, 7(3): 23-32.
[173] 周荣军, 闻学泽 ,蔡长星, 等. 甘孜—玉树断裂带的近代地震与未来地震趋势估计[J].地震地质, 1997, 19(2): 115-124.
[174] 李闽峰, 邢成起, 蔡长星, 等. 玉树断裂活动性研究[J].地震地质, 1995, 17(3): 218-224.
[175] 周荣军, 马声浩, 蔡长星. 甘孜—玉树断裂带的晚第四纪活动特征[J]. 中国地震, 1996, 12(4): 250-260.
[176] 冯元保,蒋远明.川滇块体东缘的活动构造[J].四川地震, 2000(1-2): 5-23.
[177] 周荣军,陈国星,李勇,等.四川西部理塘—巴塘地区的活动断裂与1989年巴塘6.7级震群发震构造研究[J].地震地质.2005, 27(1):31-42.
[178] 徐锡伟,闻学泽,于贵华,等.川西理塘断裂带平均滑动速率、地震破裂分段与复发特征[J]. 中国科学(D辑:地球科学), 2005(6): 540-551.
[179] 郭辉文.基于GIS的理塘断裂带水系分析及活动性研究[D].北京:中国地质大学,2013.
[180] 马丹.遥感技术在川西理塘断裂带上的应用[D].北京:首都师范大学,2013.
[181] 张继忠,许杰.四川巴塘强震区的地震地质特征[C]//国家地震局西南烈度队.川滇强震区地震地质调查汇编.北京:地震出版社, 1979:77-84.
[182] 四川省地质矿产局.四川省区域地质志[M]. 北京:地质出版社,1991.
[183] 许锡伟,何昌荣.新生断层的形成及其前震活动性研究[C]//国家地震局地质研究所. 活动断裂研究.北京:地震出版社,1996,5:197-210.